SCHLUSS MIT DEM WAHNSINN IM BÜRO

80-Stunden-Wochen
Voller Terminkalender
Endlose Meetings
Schlaflosigkeit
E-Mails am Sonntag
Nachtschichten
Ständige Erreichbarkeit

SCHLUSS MIT DEM WAHNSINN IM BÜRO

WEGE ZU EINER ENTSPANNTEN ARBEITSKULTUR

VON JASON FRIED UND DAVID HEINEMEIER HANSSON

Aus dem Amerikanischen übersetzt von Jana Fritz

Verlag Franz Vahlen München

Text © 2018 by Jason Fried & David Heinemeier Hansson,
Illustrations © Jason Zimdars
Translated from the English language: It Doesn't Have to Be Crazy at Work
Published by arrangement with HarperBusiness,
an imprint of HarperCollins Publishers, LLC.

ISBN Print 978 3 8006 6071 1
ISBN E-Book 978 3 8006 6072 8

© 2019 Verlag Franz Vahlen GmbH,
Wilhelmstr. 9, 80801 München
Satz: Fotosatz Buck
Zweikirchener Str. 7, 84036 Kumhausen
Druck und Bindung: Druckhaus Nomos
In den Lissen 12, 76547 Sinzheim
Umschlaggestaltung: In Anlehnung an das Original,
bearbeitet von Ralph Zimmermann – Bureau Parapluie
Gedruckt auf säurefreiem, alterungsbeständigem Papier
(hergestellt aus chlorfrei gebleichtem Zellstoff)

Inhaltsverzeichnis

Analysieren Sie Ihre Prozesse 131

Auftakt

Der Wahnsinn im Büro

Wie oft haben Sie andere schon sagen hören „Bei uns herrscht gerade absoluter Wahnsinn im Büro"? Vielleicht haben Sie das selbst schon einmal gesagt. Für viele ist der Wahnsinn im Büro mittlerweile zum Alltag geworden. Aber warum ist das so?

Das liegt vor allem an zwei Dingen: Erstens ist unser Arbeitstag durch eine Vielzahl physischer und virtueller Ablenkungen in viele kleine, flüchtige Momente unterteilt. Zweitens sind Unternehmen auf ungesunde Art davon besessen, Wachstum um jeden Preis zu erzielen, was zu unrealistischen Erwartungen führt, die bei den Mitarbeitern Stress verursachen.

So ist es nicht verwunderlich, dass die Menschen immer mehr arbeiten, früher anfangen, Überstunden machen, Arbeit mit ins Wochenende nehmen und eigentlich in jeder freien Minute schuften. Dabei schaffen wir es kaum noch, unsere Arbeit im Büro zu erledigen. Was für den Hund die Restetüte mit Speiseabfällen ist, ist für uns die nicht erledigte Arbeit, die wir mit nach Hause nehmen.

Noch bedenklicher ist es, dass Überstunden, ständiger Stress und Schlafmangel mittlerweile für viele Menschen zu einer Art Verdienstorden geworden sind. Anhaltende Erschöpfung hat aber keine Auszeichnung verdient – sie ist vielmehr ein Ausdruck von Dummheit.

Und dies trifft nicht nur auf Unternehmen zu – auch Individuen, Selbstständige und Solopreneure verheizen sich auf dieselbe Weise.

Nun könnte man meinen, dass das Arbeitspensum durch all die Stunden, die die Menschen in ihre Arbeit investieren, und all die Versprechungen, die uns die neuen Technologien verheißen, abnimmt. Tut es jedoch nicht. Es wird sogar mehr.

Dabei gibt es nicht plötzlich mehr zu tun. Das Problem ist vielmehr, dass wir kaum mehr Momente finden, in denen wir ungestört und konzentriert unserer Arbeit nachgehen können. Wir arbeiten immer mehr, schaffen dabei aber immer weniger. Die Gleichung geht nicht auf – es sei denn, man rechnet die viele Zeit mit ein, die wir für unwichtige Dinge verschwenden.

Wie viele der sechzig, siebzig oder achtzig Stunden, die wir nach Vorstellung unserer Vorgesetzten in unsere Arbeit investieren sollen, verwenden wir tatsächlich auf unsere Arbeit? Und wie viele davon gehen durch Meetings, Ablenkungen und ineffiziente Betriebsabläufe verloren? Die Antwort: der größte Teil.

Die Lösung ist deshalb nicht, mehr zu arbeiten, sondern weniger Bullshit zu erledigen. Weniger Zeit zu verschwenden, statt mehr Output zu generieren. Und sich viel weniger ablenken zu lassen, nicht ständig erreichbar sein zu müssen und Stress zu vermeiden.

Denn Stress überträgt sich vom Unternehmen auf die Mitarbeiter – von einem Mitarbeiter auf den nächsten und dann von den Mitarbeitern auf die Kunden. Stress bleibt nie im Büro. Er drängt ins Privatleben und infiziert unsere Freundschaften, unser Familienleben, unsere Kinder.

Und dabei lockt man uns mit immer neuen Versprechungen: neue Zeitmanagementstrategien und neue Kommunikationsmittel, die wiederum neue Bedürfnisse schaffen. Nur um mehr Kommunikation an immer mehr Orten und in immer kürzerer Zeit erledigen zu können. Schneller und immer schneller – aber zu welchem Zweck?

Wenn bei Ihnen auf der Arbeit ständig Land unter herrscht, haben wir zwei Empfehlungen für Sie. Erstens: Schluss damit. Zweitens: Es reicht.

Unternehmen müssen endlich damit aufhören, ihre Mitarbeiter dazu zu verleiten, sich aus Statusgründen immer höhere und unrealistischere Ziele zu setzen. Stattdessen sollten sie ihnen endlich die ungestörte Zeit geben, die die Voraussetzung für erstklassige Arbeit ist. Es ist Zeit, dem Wahnsinn im Büro ein Ende zu setzen.

Fast zwanzig Jahre haben wir daran gearbeitet, Basecamp zu einem entspannten Unternehmen zu machen. Einem Unternehmen, das nicht angetrieben wird durch Dinge wie Stress, Hektik, eine „As soon as possible"-Kultur, Überstunden, Nachtschichten vor einem wichtigen Abgabetermin, unhaltbare Versprechungen und Deadlines, einen hohen Umsatz oder Projekte, die nie zu einem Abschluss zu kommen scheinen.

Bei uns gilt: kein Wachstum um jeden Preis. Keine falsche Geschäftigkeit. Keine egogetriebenen Ziele. Kein Mithalten mit „Mister Perfect". Kein Am-Limit-Arbeiten. Und dennoch waren wir seit unserer Gründung bislang jedes Jahr profitabel.

Wir sind in einer der am härtesten umkämpften Branchen tätig, der Softwareindustrie. Zu unseren Konkurrenten zählen nicht nur die Tech-Giganten aus dem Silicon Valley, sondern auch Start-ups mit hunderten Millionen Dollar an Risikokapital im Rücken. Wir haben darauf verzichtet. Woher unser Geld dann kommt? Von unseren Kunden. In dieser Hinsicht sind wir altmodisch, wenn Sie so wollen.

Als Softwareunternehmen würde man eigentlich von uns erwarten, dass wir uns an der „Hustlemania" des Silicon Valley beteiligen. Wir haben jedoch keinen einzigen Beschäftigten im Silicon Valley. Unsere 54 Mitarbeiter sind auf dreißig Städte rund um den Globus verteilt.

Die meiste Zeit im Jahr arbeiten wir vierzig Stunden pro Woche, im Sommer nur 32. Alle drei Jahre können unsere Mitarbeiter für mehrere Monate ein Sabbatical machen. Und sie bekommen nicht nur Urlaubsgeld – wir zahlen ihnen auch die Urlaubsreise.

Nein, nicht um 9 Uhr abends am Mittwochabend. Das kann bis 9 Uhr am nächsten Morgen warten, Donnerstagmorgen. Nein, nicht Sonntag, sondern Montag.

Gibt es auch stressige Zeiten bei uns? Klar, das gehört dazu. Ist jeder Tag rosig? Natürlich nicht. Wir würden lügen, wenn wir das behaupteten. Wir bemühen uns jedoch, dass dies die Ausnahme bleibt. Unterm Strich sind wir entspannt – aus freien Stücken, jeden Tag. Diese Entscheidung haben wir ganz bewusst getroffen. Wir haben es anders gemacht als die anderen.

Unser Unternehmen folgt einem anderen Konzept. Von diesen Entscheidungen möchten wir Ihnen erzählen, und von den Gründen, aus denen wir viele dieser Entscheidungen getroffen haben. Jedes Unternehmen hat die Möglichkeit, sich ähnlich zu entscheiden. Sie müssen es natürlich wollen. Aber wenn Sie es wollen, werden Sie feststellen, dass es hier – auf der anderen Seite – viel besser ist. Auch Sie können ein entspanntes Unternehmen schaffen.

Der moderne Arbeitsplatz ist krank. Chaos sollte nicht der Normalzustand im Büro sein. Angst ist keine Voraussetzung für Fortschritt. Den ganzen Tag in Meetings rumzusitzen, macht noch keinen Erfolg. Dies sind alles Perversionen der Arbeit, Nebeneffekte gescheiterter Modelle und eines Herdentriebs, bei dem wir uns wie die Lemminge von der Klippe stürzen. Treten Sie stattdessen einen Schritt zur Seite und lassen Sie die Dummen springen.

Eine entspannte Arbeitskultur bedeutet:

- die Zeit und Konzentrationsfähigkeit Ihrer Mitarbeiter zu schützen
- 40-Stunden-Wochen
- realistische Erwartungen
- ausreichend Freizeit
- alles eine Nummer kleiner
- ein Horizont in Sichtweite
- Meetings als letzte Option
- zeitversetzte Kommunikation vor Kommunikation in Echtzeit
- mehr Unabhängigkeit, weniger Abhängigkeiten
- nachhaltige, tragfähige Abläufe
- Rentabilität

Ein paar Worte über uns

Wir sind Jason und David. Seit 2003 führen wir gemeinsam unser Unternehmen Basecamp. Jason ist der CEO, David ist der CTO – und mehr Cs gibt es bei uns auch nicht.

Basecamp ist sowohl der Name unseres Unternehmens als auch unseres Produkts. Unser Produkt ist eine cloudbasierte Projektmanagement-Anwendung, mit der Unternehmen ihre Projekte und ihre interne Kommunikation zentral an einem Ort bündeln können. Wenn alles in Basecamp erfasst ist, sehen die Mitarbeiter genau, was sie zu tun haben, wo sie was finden und wie der aktuelle Projektstatus ist. So geht nichts verloren.

Wir haben viel zu der Frage herumexperimentiert, wie wir unser Unternehmen führen wollen. In diesem Buch zeigen wir Ihnen, was für uns funktioniert hat. Zudem möchten wir einige Beobachtungen und Erkenntnisse mit Ihnen teilen zu der Frage, was ein gesundes, langlebiges und nachhaltiges Unternehmen ausmacht. Wie bei allen Ratschlägen wird manches für Sie besser passen, anderes vielleicht weniger. Betrachten Sie unsere Vorschläge deshalb als Inspiration für Veränderungen und nicht als göttliche Wahrheit.

Ein Hinweis noch zu den Begriffen „Wahnsinn" und „verrückt", die wir in diesem Buch verwenden: Wir gebrauchen diese Begriffe in dem Sinne, in dem Menschen zum Beispiel

---

Anmerkung des Verlages: Allein aus Gründen der besseren Lesbarkeit wird in diesem Buch auf die Verwendung geschlechterspezifischer Sprachformen verzichtet. Sämtliche Personenbezeichnungen gelten für alle Geschlechter.

den Verkehr als *verrückt* bezeichnen, von *verrücktem* Wetter sprechen oder sich auf die *Wahnsinns*schlangen an Flughäfen beziehen. Wenn wir von „verrückt" oder „wahnsinnig" sprechen, meinen wir damit Situationen, nicht Menschen.

Da wir das nun geklärt haben, lassen Sie uns beginnen.

Ihr Unternehmen ist ein Produkt

Alles beginnt mit dieser Idee: Ihr Unternehmen ist ein Produkt.

Sicher, Sie stellen Produkte her oder bieten Dienstleistungen an, aber es ist Ihr Unternehmen, das diese Dinge tut. Deshalb sollte Ihr Unternehmen Ihr bestes Produkt sein.

In diesem Buch dreht sich alles um diese eine Idee. Die Idee, dass Fortschritt – wie bei der Produktentwicklung – durch Iteration erzielt wird. Wenn Sie ein Produkt optimieren möchten, müssen Sie die Dinge ständig neu justieren und abändern, sie müssen iterativ arbeiten. Dasselbe gilt für ein Unternehmen.

Wenn es jedoch um das Unternehmen selbst geht, stecken viele Firmen fest. Sie verändern vielleicht ihre Produkte, nicht aber die Art und Weise, *wie* sie diese Produkte herstellen. Die Arbeitsabläufe wurden einmal festgelegt und daran hält man sich nun bis in alle Ewigkeit. Das, was zum Zeitpunkt der Unternehmensgründung einmal die neueste Mode am Arbeitsplatz war, wird über die Jahre beibehalten und schlägt Wurzeln. Abläufe werden in Zement gemeißelt. Die Folge: Unternehmen blockieren sich selbst.

Wenn Sie Ihr Unternehmen dagegen als Produkt betrachten, stellen Sie ganz andere Fragen: Wissen die Mitarbeiter, wie man das Unternehmen einsetzt? Ist es einfach zu bedienen? Oder schwierig? Ist klar, wie es funktioniert? Wo ist es schnell? Wo ist es langsam? Gibt es Programmierfehler? Welche Defekte können wir schnell beheben, für welche brauchen wir mehr Zeit?

Ein Unternehmen ist wie eine Software. Es muss einsetzbar sein und nützlich. Und es weist wahrscheinlich auch Bugs auf, also Stellen, an denen das System Unternehmen aufgrund einer schlechten Organisationsstruktur oder kultureller Schwachstellen abstürzt.

Wenn Sie damit beginnen, Ihr Unternehmen als Produkt zu betrachten, kristallisieren sich allmählich allerlei Verbesserungspotenziale heraus. Und wenn Sie erst einmal erkannt haben, dass sich die Art und Weise, wie in Ihrem Unternehmen gearbeitet wird, formen lässt wie Ton, können Sie daraus etwas Neues, Besseres formen.

Bei Basecamp arbeiten wir immer in 6-Wochen-Zyklen. Dann gönnen wir uns zwei Wochen Pause vom Zeitplan, in denen wir unsere Gedanken schweifen lassen und uns entspannen. Diese Methode ist kein Produkt theoretischer Überlegungen. Angefangen hat alles damit, dass wir so lange an den Dingen gearbeitet haben, wie sie eben dauerten. Irgendwann stellten wir fest, dass Projekte auf diese Weise niemals ein Ende finden. Also haben wir uns Zeitspannen von drei Monaten gesetzt. Das war aber immer noch zu lang. Wir versuchten es mit noch kürzeren Zeiträumen, bis wir schließlich bei sechs Wochen landeten. Um herauszufinden, was für uns funktioniert, sind wir also iterativ vorgegangen. Darüber werden wir in diesem Buch noch häufiger sprechen.

Wir haben nicht einfach vermutet, dass zeitversetzte Kommunikation meistens besser ist als Kommunikation in Echtzeit. Das ist vielmehr das Ergebnis einer jahrelangen übertriebenen Nutzung von Chat-Diensten, die unterm Strich zu mehr Ablenkung und weniger erledigter Arbeit führte. Also machten wir uns Gedanken über eine bessere Kommunikationsform. Auch darum wird es in diesem Buch gehen.

In der Anfangsphase unseres Unternehmens boten wir unseren Mitarbeitern nicht die Leistungen, die sie heute genießen. Wir haben uns Schritt für Schritt dahin entwickelt. Wir wussten damals nicht, dass es besser ist, unseren Mitarbeitern den Urlaub zu bezahlen, als ihnen Geld-Boni zu gewähren. Tatsächlich haben wir mit Letzterem angefangen und dann festgestellt, dass die Boni sowieso als fester Teil des Gehalts betrachtet werden. Diese Erkenntnis haben wir auf andere Leistungen übertragen. Aber dazu später mehr.

Auch beim Thema Gehaltsverhandlungen haben wir anfangs keinen entspannten Ansatz verfolgt. Wir haben uns dahingearbeitet. Gehaltsverhandlungen und Gehaltserhöhungen waren eine stressige Angelegenheit bei Basecamp – wie in fast allen Unternehmen. Zumindest solange, bis wir durch Iteration eine neue Methode gefunden haben. Darauf werden wir in diesem Buch noch zu sprechen kommen.

In unser Unternehmen stecken wir genauso viel Arbeit wie in unsere Produkte. Softwareprodukte sind häufig mit einer Versionsnummer versehen: „Das ist iOS 10.1, 10.2, 10.5, 11 ...“ So handhaben wir das auch mit unserem Unternehmen: Das aktuelle Basecamp, LLC, ist sozusagen die Version 50.3 von Basecamp, LLC. Das ist das Ergebnis eines ständigen Ausprobierens und Neue-Wege-Gehens mit dem Ziel, herauszufinden, was am besten funktioniert.

Ein entspanntes Unternehmen zu führen, ist nicht die übliche Art und Weise, wie Unternehmen heute geführt werden. Sie müssen dabei für eine gewisse Zeit gegen Ihr Bauchgefühl arbeiten. Sie müssen schädliche Branchenstandards ignorieren. Und Sie müssen erkennen, dass der Wahnsinn im Büro falsch ist. Eine entspannte Arbeitskultur ist das Ziel. Wir zeigen Ihnen, wie wir diese erreicht haben und verteidigen.

Unser Unternehmen ist ein Produkt. Wir möchten Sie dazu anregen, auch Ihr Unternehmen als ein solches zu betrachten – egal ob Sie Eigentümer, Führungskraft oder „nur" Mitarbeiter sind: Damit Veränderung gelingt, kommt es auf jeden Einzelnen an.

DER BRITISCHE NATURFORSCHER CHARLES DARWIN VERÖFFENTLICHTE 19 BÜCHER, DARUNTER DAS WERK „ÜBER DIE ENTSTEHUNG DER ARTEN", UND ARBEITETE DABEI NUR VIEREINHALB STUNDEN AM TAG.

Zügeln Sie Ihren Ehrgeiz

Schluss mit der Hustlemania

Arbeiten bis zum Umfallen, die sogenannte Hustlemania, ist zum neuen Schick unter Entrepreneuren geworden. Von überall dröhnen einem angeberische Zitate entgegen, die beweisen sollen, wie unendlich viel Stress man doch hat. Es ist Zeit, sich da rauszuziehen.

Sehen Sie sich nur einmal die Einträge bei Instagram unter dem Hashtag #entrepreneur an. Dort finden Sie sinngemäß Aussagen wie: „Nur echtes Leid führt zum Erfolg" oder „Nicht auf einzigartiges Talent kommt es an, sondern auf absolutes Engagement" oder „Ihren Zielen ist es egal, wie Sie sich fühlen". So geht es immer weiter, bis einem schlecht wird.

Exzessives Arbeiten war vielleicht mal eine Art Hoffnungsschimmer für diejenigen, die eher schlechte Startbedingungen hatten, aber trotzdem versuchten, die anderen, die viel hatten, zu übertreffen. Mittlerweile ist der Begriff jedoch bloß ein Synonym für Schufterei.

Für einige mag diese tägliche Schufterei vielleicht die Erfüllung sein. Die meisten von uns zerbrechen jedoch daran, werden verheizt und enden im Burnout, ohne dass es sich in irgendeiner Weise gelohnt hätte. Wofür das alles?

Unsere Siege und unsere Niederlagen werden nicht dadurch besser, dass wir alles geopfert haben. Oder dadurch, dass wir all die Schmerzen und all die Erschöpfung auf uns genommen haben, um ein größeres Zuckerstückchen als Belohnung zu bekommen. Im Leben geht es um so viel mehr als um den bis auf die Spitze getriebenen 24/7-Wahnsinn.

Dieser ist zudem einfach ein schlechter Ratschlag. Dass Sie nach 14 Stunden im Büro noch *die* entscheidende Erkenntnis ereilt oder Ihnen *die* zündende Idee kommt, ist eher unwahrscheinlich. Kreativität, Fortschritt und Dynamik lassen sich nicht mit roher Gewalt freisetzen.

Dieser Einwand kommt zugegebenermaßen aus der Ecke der Kreativbranche mit ihren Schriftstellern, Programmierern, Designern, Erfindern und Produktentwicklern. Es gibt wahrscheinlich auch Bereiche der körperlichen Arbeit, in denen mehr Input tatsächlich mehr Output bedeutet, zumindest für eine gewisse Zeit.

Andererseits erlebt man bei Leuten, die – um überhaupt über die Runden zu kommen – drei schlecht bezahlte Jobs gleichzeitig machen, eher selten, dass sie mit ihrer Schufterei prahlen. Es sind vielmehr die Heuchler, diejenigen, die nicht wirklich ums nackte Überleben kämpfen müssen, die ihre großen Opfer zur Schau stellen.

Dabei muss Unternehmertum nicht zwangsläufig dieses Epos vom gnadenlosen Überlebenskampf sein. Meistens ist es sogar viel langweiliger. Es gibt wenig filmreife Momente, in denen man über ein brennendes Auto springt oder in einer Verfolgungsszene brilliert. Vielmehr geht es darum, geduldig einen Stein auf den anderen zu setzen und noch eine Schicht Farbe aufzutragen.

Wir erteilen Ihnen hiermit die Erlaubnis, der Hustlemania ein Ende zu setzen. Leisten Sie jeden Tag Ihre Arbeit, aber auch nicht mehr. Sie können mit Ihren Kindern spielen und dennoch ein guter Entrepreneur sein. Sie können ein Hobby haben. Sport machen. Ein Buch lesen. Einen albernen Film mit Ihrem oder Ihrer Liebsten ansehen. Endlich mal wieder eine richtige Mahlzeit zubereiten. Oder wie wäre es mal wieder mit einem ausgiebigen Spaziergang? Erlauben Sie sich hin und wieder, so richtig gewöhnlich zu sein.

Glückliche Pazifisten

In der Wirtschaft geht es ständig ums Kämpfen und Gewinnen, ums Herrschen und Zerstören. Dieses Ethos macht aus Unternehmenslenkern kleine Napoleons, die sich nicht damit zufriedengeben, eine Spur im Universum zu hinterlassen. Nein, sie wollen das Universum besitzen.

Unternehmen, die sich in solch einer Zero-sum-Welt bewegen, *übernehmen* nicht einfach Marktanteile eines Wettbewerbers, sie *erobern* den Markt. Sie *dienen* ihren Kunden nicht, sondern *erobern* auch hier. Sie *zielen* auf ihre Kunden *ab*, beschäftigen eine Sales*force*, engagieren Head*hunter*, suchen sich die *Schlachten* aus, die sie *schlagen* wollen, und *schießen* den großen Gewinn *ab*.

Diese kriegerische Sprache schreibt schreckliche Geschichten. Wenn Sie sich selbst als Feldherr betrachten, dessen Aufgabe es ist, den Feind (die Konkurrenz) auszuschalten, fällt es Ihnen viel leichter, dreckige Tricks und eine „Alles ist erlaubt"-Mentalität zu rechtfertigen. Und je größer die Schlacht, desto übler die Methoden.

Man sagt, in der Liebe und im Krieg sei alles erlaubt. Nur: Hier geht es nicht um Liebe. Und wir befinden uns nicht im Krieg. Wir wollen Geschäfte machen.

Leider ist es nicht so einfach, den in der Businesswelt gebräuchlichen Metaphern von Krieg und Eroberung zu entkommen. Jedes Medienunternehmen verfügt über Textbausteine, die miteinander konkurrierende Unternehmen als „kriegsführende Parteien" beschreiben. *Sex sells, war sells* –

und Unternehmenskämpfe sind die Pornos auf den Wirtschaftsseiten der Zeitungen.

Dieses Paradigma ergibt für uns jedoch keinen Sinn.

Wir kommen in Frieden. Wir haben keine imperialen Absichten. Wir wollen uns nicht zu den Herrschern einer Branche oder eines Marktes aufschwingen. Wir wollen für alle nur das Beste. Um das Beste für uns zu erzielen, müssen wir den anderen nichts wegnehmen.

Wie groß unser Marktanteil ist? Wir haben keine Ahnung. Es interessiert uns auch nicht. Es ist unwichtig. Ob wir genug zahlende Kunden haben, um unsere Kosten zu decken und Gewinne zu erwirtschaften? Yep. Steigt diese Zahl jedes Jahr? Yep. Und das reicht uns. Es ist nicht wichtig, ob unser Marktanteil zwei Prozent, vier Prozent oder 75 Prozent beträgt. Was zählt, ist, dass wir ein gesundes Unternehmen sind, das nach unseren Vorstellungen solide wirtschaftet. Wir haben die Kosten im Griff und erzielen mit unseren Verkäufen Gewinne.

Noch einmal zum Thema Marktanteil: Um diesen exakt zu bestimmen, müsste man erst einmal das Marktvolumen ermitteln. Zum Zeitpunkt, da dieses Buch in den Druck geht, hat Basecamp über einhunderttausend Unternehmen als Kunden, die eine monatliche Gebühr zahlen. Daraus ergibt sich ein Jahresgewinn von mehreren zehn Millionen Dollar. Das ist höchstwahrscheinlich nur ein sehr kleiner Teil des Gesamtmarkts, aber uns reicht das vollkommen. Wir sorgen für unsere Kunden, und unsere Kunden sorgen für uns. Das ist es, was zählt. Nicht etwa den Marktanteil zu verdoppeln, zu verdreifachen oder zu vervierfachen.

Für viele Unternehmen spielt das Vergleichen eine wichtige Rolle. Ihnen geht es nicht allein darum, ob sie Erster, Zweiter oder Dritter ihrer Branche sind. Sie prüfen bei jedem neuen Feature, wie sie im Vergleich zur Konkurrenz abschneiden. Wer erhält welche Auszeichnungen? Wer zieht mehr Geldgeber an Land? Wer bekommt die meiste Berichterstattung? Warum wird jene Konferenz gesponsert und nicht unsere?

Mark Twain hat es einmal auf den Punkt gebracht: „Der Vergleich ist der Tod der Freude." Dem können wir nur zustimmen.

Wir vergleichen nicht. Was andere tun, hat keinen Einfluss darauf, was wir schaffen können, was wir tun wollen oder wofür wir uns entscheiden. Bei Basecamp gibt es kein Wettrennen und keinen Hasen, dem wir hinterherjagen. Nur eine tiefe Zufriedenheit darüber, dass wir unser Bestes tun – und diese Zufriedenheit messen wir an unserem Wohlbefinden und den Käufen unserer Kunden.

Das Einzige, was wir da draußen zerstören wollen, sind überholte Ideen.

Das Gegenteil von Eroberung ist nicht etwa Scheitern, sondern Partizipation. Einer von mehreren Anbietern am Markt zu sein, ist ein Vorteil, der Kunden eine echte Wahl lässt. Wenn es Ihnen gelingt, das anzuerkennen, lassen sich die Kriegsmetaphern der Geschäftswelt viel leichter begraben.

Denn fragen Sie sich einmal: Würden Sie am Ende lieber einen imaginären Wettstreit gewinnen, bei dem Sie Ihrem Mitbewerber Sand ins Gesicht schleudern, oder wollen Sie Ihren Mitbewerber nicht lieber vergessen und das bestmögliche Produkt herstellen?

Unser Ziel: keine Ziele

Quartalsziele. Jahresziele. Große, ambitionierte Ziele.

„Wir haben im letzten Quartal ein Wachstum von 14 Prozent erzielt, in diesem Quartal sollten es 25 Prozent werden."

„Stellen wir doch unseren hundertsten Mitarbeiter für dieses Jahr ein."

„Wir sollten uns diese Titelgeschichte sichern, damit man uns endlich ernst nimmt."

Die Weisheit, sich Unternehmensziele zu setzen – immer höher und immer weiter –, ist mittlerweile derart gängige Praxis, dass man sich scheinbar nur noch darüber streiten kann, ob die Ziele denn nun auch ehrgeizig genug sind.

Sicher können Sie sich die Reaktion der Leute vorstellen, wenn wir ihnen erzählen, dass wir uns keine Ziele setzen. Überhaupt keine. Keine Kundenzahlziele, keine Absatzziele, keine Kundenbindungsziele, keine Umsatzziele, keine speziellen Rentabilitätsziele (außer rentabel zu sein). Wirklich.

Dieses Anti-Ziel-Mindset macht Basecamp definitiv zu einem Außenseiter in der Businesswelt. Zu einer kleinen Minderheit, die einfach nicht „checkt, wie die Dinge laufen".

Wir wissen, wie die Dinge laufen – es ist uns nur schlichtweg egal. Uns macht es nichts aus, ein bisschen Trinkgeld auf dem Tisch liegen zu lassen, und wir quetschen eine Zitrone nicht bis zum letzten Tropfen aus. Dieser letzte Tropfen schmeckt sowieso meist sauer.

Wollen wir unseren Gewinn steigern? Ja. Unseren Umsatz? Jawohl. Wollen wir effektiver werden? Auch das. Unsere Produkte einfacher, schneller und nützlicher machen? Ja. Noch zufriedenere Kunden und Mitarbeiter haben? Absolut. Mögen wir Iteration und Optimierung? Yep!

Wollen wir die Dinge besser machen? Ständig. Wollen wir dieses „besser" aber dadurch steigern, dass wir Zielen hinterherjagen? Nein, wollen wir nicht.

Deshalb gibt es bei Basecamp auch keine Ziele. Die gab es nicht, als wir angefangen haben, und nun – zwanzig Jahre später – gibt es sie immer noch nicht. Wir geben einfach unser Bestes, jeden Tag.

Es gab jedoch einmal eine kurze Phase, in der wir dies ändern wollten. Wir legten ein hübsches, rundes Umsatzziel fest – eine fette neunstellige Zahl. „Warum auch nicht?", dachten wir. „Das schaffen wir!" Nachdem wir dieses Ziel dann für eine Weile verfolgt hatten, kamen uns allerdings Zweifel. Und die Antwort auf die Frage „Warum auch nicht?" wurde ein klares „Weil es erstens unaufrichtig ist, so zu tun, als legten wir Wert auf eine Zahl, die allein unserer Imagination entspringt, und weil wir zweitens nicht dazu bereit sind, in unserer Arbeit die Kompromisse einzugehen, die zum Erreichen des Ziels notwendig wären".

Seien wir doch mal ehrlich: Ziele sind Fake. Fast alle Ziele sind künstliche Ziele, die man sich setzt, weil man das eben so macht. Diese ausgedachten Zahlen verursachen dann so lange unnötigen Stress, bis sie entweder erreicht oder verworfen werden. Wenn das passiert, soll man sich neue Ziele setzen – und der Stress geht von vorne los. Hinzu kommt, dass das Ganze ja nicht mit dem Quartalsgewinn endet. Es gibt vier Quartale im Jahr. Vierzig in einem Jahrzehnt. Jedes davon soll Ergebnisse liefern, besser sein als das letzte und alle ERWARTUNGEN übertreffen.

Warum sollten Sie das sich und Ihrem Unternehmen antun? Gute, kreative Arbeit zu leisten, ist schon schwierig genug. Genauso wie ein langlebiges, nachhaltiges Unternehmen mit zufriedenen Mitarbeitern aufzubauen. Warum sollte man also eine willkürliche Zahl festlegen, die dann bedrohlich über der eigenen Arbeit, dem Gehalt, den Boni und der Ausbildungsfinanzierung der Kinder schwebt?

Es gibt sogar noch eine dunklere Seite des Sich-Ziele-Setzens: Die Fixierung auf Ziele führt häufig dazu, dass Unternehmen ihre Moral, ihre Ehrlichkeit und ihre Integrität dem Erreichen dieser künstlichen Zahlen unterordnen. Selbst die besten Absichten bleiben auf der Strecke, wenn man hinter den Vorgaben zurückliegt. Die Margen müssen noch um ein paar Prozentpunkte erhöht werden? Dann lassen wir kurzzeitig einfach mal die Qualität außer Acht. Sie müssen für dieses Quartal noch irgendwoher 800.000 Dollar nehmen, um die Vorgabe zu erreichen? Dann erschweren wir es den Kunden doch mal, eine Rückerstattung zu fordern.

Haben Sie schon mal versucht, Ihren Handyanbieter zu wechseln? Das ist an sich keine besonders komplizierte Angelegenheit. Viele Mobilfunkanbieter machen es einem jedoch kompliziert, weil sie bestimmte Kundenbindungsziele erreichen müssen. Sie versuchen, Ihnen die Kündigung zu erschweren, damit sie selbst ihre Vorgaben erfüllen.

Auch wir konnten uns diesen Zwängen nicht entziehen. In den paar Monaten, in denen wir versuchten, unser sattes neunstelliges Umsatzziel zu erreichen, hatten wir plötzlich mehrere Projekte angestoßen, bei denen wir zumindest Bedenken hatten und uns teilweise sogar richtig mies fühlten. Etwa, als wir viel Geld für Facebook, Twitter und Google ausgaben, um unsere Anmeldezahlen zu pimpen. Anderen Schecks auszustellen und dadurch zu einer weiteren Erodierung der Privatsphäre und zu einer Zersplitterung der Aufmerksamkeit beizutragen, fühlte sich falsch an, aber für eine gewisse Zeit wollten wir das nicht sehen. Denn, hey, wir verfolgten ja unser milliardenschweres Ziel. Schluss damit.

Wie wäre es stattdessen mit etwas wirklich Ambitioniertem: keine Vorgaben, keine Ziele?

Ein Unternehmen kann man auch ohne ein einziges Ziel führen. Um etwas Reales zu machen, brauchen Sie nichts Künstliches. Und wenn Sie unbedingt ein Ziel wollen, wie wäre es dann hiermit: den Betrieb am Laufen halten? Die Kunden zufriedenstellen? Ein reizvoller Arbeitgeber sein? Nur weil sich diese Ziele schwerer quantifizieren lassen, heißt das nicht, dass sie weniger wichtig sind.

DER US-AMERIKANISCHE
CHIRURG UND BESTSELLERAUTOR
ATUL GAWANDE RESERVIERT
25 PROZENT SEINER ZEIT FÜR
UNGEPLANTE, ABER WICHTIGE
AUFGABEN, UM NICHT VON
E-MAILS UND MEETINGS
ERDRÜCKT ZU WERDEN.

Sie müssen nicht gleich die Welt verändern

Die Businesswelt leidet derzeit unter einer Ehrgeiz-Hyperinflation. Es geht nicht mehr darum, einfach ein tolles Produkt herzustellen oder eine tolle Dienstleistung anzubieten. Nein, mittlerweile dreht sich alles um diese eine GENIALE IDEE, DIE ALLES VERÄNDERT. Jeden Tag werden uns tausende von Revolutionen versprochen. Echt jetzt?

Nichts zeigt dies so gut wie die Begeisterung für das Thema Disruption. Heute will jeder disruptiv sein. Alle Regeln brechen (und ein paar Gesetze dazu). Bestehende Branchen auf den Kopf stellen. Doch wenn Sie Ihre eigene Arbeit als Disruption anpreisen, ist sie das wahrscheinlich nicht.

Basecamp verändert die Welt nicht. Wir unterstützen Unternehmen und Teams dabei, leichter miteinander zu kommunizieren und zusammenzuarbeiten. Das ist eine absolut lohnenswerte Sache, aber damit schreiben wir nicht die Geschichte neu. Und das ist okay.

Wenn man damit aufhört zu glauben, man müsse die Welt verändern, befreit man sich und die Menschen um einen herum von einer immensen Last. Man kann sich dann nicht länger hinter der bequemen Ausrede verstecken, dass man ja ständig arbeiten müsse. Denn die Gelegenheit, einen weiteren Tag gute Arbeit zu leisten, bietet sich ja am nächsten Tag wieder – selbst wenn man zu einer vernünftigen Zeit Feierabend macht.

Es wird dann plötzlich wesentlich schwieriger, Meetings nach Feierabend oder zusätzliche Arbeit am Wochenende zu rechtfertigen. Und was noch besser ist: Beim nächsten Familientreffen klingen Sie bei der Antwort auf die Frage, was Sie denn beruflich machen, nicht länger wie ein neurotischer Angeber: „Was ich beruflich mache? Oh, ich arbeite bei Pet-Emoji – wir verändern gerade die Welt, indem wir ganz neuartige Versicherungen für Haustiere anbieten." A-a-a-alles klar.

Nehmen Sie sich vor, gute Arbeit zu machen. Einen fairen Umgang mit Ihren Kunden, Ihren Mitarbeitern und der Wirklichkeit zu pflegen. Hinterlassen Sie einen bleibenden Eindruck bei den Menschen, die Sie berühren, und machen Sie sich weniger (oder gar keine!) Gedanken darüber, wie Sie die Welt verändern könnten. Die Wahrscheinlichkeit dessen ist nämlich gleich null, und wenn es Ihnen doch gelingen sollte, dann sicher nicht, weil Sie dies zuvor angekündigt haben.

Fahren Sie auf kurze Sicht

Bei Basecamp arbeiten wir nicht mit großen Plänen – weder unternehmens- noch produktbezogen. Es gibt keinen Fünfjahresplan. Keinen Dreijahresplan. Auch keinen Einjahresplan. Nada.

Wir haben das Unternehmen damals gegründet, ohne einen Plan zu haben, und führen es auch heute ohne Plan. Seit zwanzig Jahren treffen wir unsere Entscheidungen „on the way" und schauen dabei immer nur ein paar Wochen voraus.

Manchen mag das zu kurzsichtig erscheinen. Stimmt. Wir sehen uns das an, was sich im wahrsten Sinne des Wortes direkt vor uns befindet, nicht das, was wir uns theoretisch so alles vorstellen könnten.

Kurzfristige Planung wird heftig kritisiert – zu Unrecht, wie wir meinen. Alle sechs Wochen entscheiden wir, woran wir als Nächstes arbeiten. Das ist der einzige Plan, den wir haben. Allem darüber hinaus begegnen wir mit der Einstellung: „Vielleicht, mal sehen."

Wenn Sie sich auf diese kurzfristige Planung einlassen, müssen Sie häufig Ihre Meinung ändern. Und das ist eine riesige Erleichterung! Denn das nimmt Ihnen den Druck, alles perfekt planen zu müssen, und den damit verbundenen Stress. Wir sind schlicht der Ansicht, dass man das Schiff mithilfe vieler kleiner Informationen, die man während der Fahrt erhält, besser steuert als mit ein paar großen, schwungvollen Bewegungen, die zu früh erfolgen.

Langfristige Planung vermittelt einem zudem ein falsches Gefühl von Sicherheit. Je früher Sie zugeben, dass Sie keine Ahnung haben, wie die Welt in fünf, drei oder einem Jahr aussieht, desto eher können Sie voranschreiten. Und desto kleiner ist Ihre Angst, irgendwann einmal die *eine* falsche Entscheidung zu treffen. Wenn Sie nämlich gar keine Vorhersagen treffen, drohen Ihnen auch keine bösen Überraschungen.

Ein Großteil der Ängste in Unternehmen entsteht aus der Erkenntnis, dass man das Falsche gemacht hat, es jetzt aber zu spät für einen Richtungswechsel ist, weil es da ja diesen „Plan" gibt. Also sagt man sich: „Wir müssen das jetzt durchziehen!" Eine schlechte Idee durchzuziehen, nur weil sie irgendwann einmal eine gute Idee zu sein schien, ist allerdings eine tragische Verschwendung von Energie und Talent.

Je weiter entfernt Sie sich von etwas befinden, desto unschärfer wird es. Die Zukunft ist eine gewaltige Abstraktion mit vielen Millionen unsicherer Variablen, die Sie nicht kontrollieren können. Die beste Information, die Sie jemals als Entscheidungsgrundlage haben werden, ist diejenige, über die Sie im Moment der Entscheidung verfügen. Genau auf diese Momente warten wir. Dann greifen wir zu.

Ein Hoch auf die Komfortzone

Der Gedanke, man müsse sich *ständig* aus seiner Komfortzone herausbewegen, ist ein gutes Beispiel für den nur scheinbar offensichtlichen Nonsense, den man in Unternehmen häufig hört. Dort heißt es dann, wenn man sich nicht unwohl bei dem fühlt, was man macht, strenge man sich eben nicht genug an und fordere sich nicht genug. Aha.

Die Annahme, dass Unwohlsein – ja sogar Schmerzen – eine Voraussetzung für Erfolg ist, folgt einer gestörten Logik. „NO PAIN, NO GAIN!" macht sich vielleicht gut auf einem Plakat im Fitnessstudio, aber Arbeit und Workout sind nicht dasselbe. Und ehrlich gesagt müssen Sie sich auch keine Schmerzen zufügen, um Ihre Gesundheit zu steigern.

Klar, es kommt ab und zu vor, dass man kurz vor einem Durchbruch steht und die letzten Schritte *kurzzeitig* sehr anstrengend oder sogar schmerzhaft sein können. Das ist jedoch die Ausnahme, nicht die Regel.

Grundsätzlich ergibt für uns die Vorstellung, man müsse aus etwas ausbrechen oder herauskommen, um die nächste Stufe zu erreichen, keinen Sinn. Meistens geht es beim Erfolg gerade nicht um das Ausbrechen oder Herauskommen aus etwas, sondern darum, in etwas einzutauchen oder tiefer zu graben – praktisch in seinem Kaninchenbau zu bleiben. In der Tiefe, nicht in der Breite stößt man häufig auf wahre Meisterhaftigkeit.

Wenn Sie sich mit einer Sache unwohl fühlen, liegt das meistens daran, dass diese Sache nicht richtig ist. Unwohlsein ist eine menschliche Reaktion auf fragwürdige oder ungute Situationen – ob das nun endlose Überstunden sind, das Frisieren von Kennzahlen, um Investoren zu beeindrucken, oder der Verkauf sensibler Nutzerdaten an Werbetreibende. Wenn es erst einmal zur Routine geworden ist, jegliches Gefühl von Unwohlsein zu unterdrücken, verliert man allmählich sich selbst, seinen Anstand, seine Moral.

Wenn man stattdessen auf dieses Gefühl von Unwohlsein hört und das, was es verursacht, unterlässt, findet man eher den richtigen Weg. Im Verlauf der Jahre kamen wir bei Basecamp häufig an diesen Punkt.

Da war zum Beispiel das unwohle Gefühl, dass zwei Mitarbeiter, die auf der gleichen Hierarchieebene arbeiteten, unterschiedlich viel verdienten. Das hat uns dazu veranlasst, unser Gehaltssystem zu überdenken. Am Ende haben wir komplett auf individuelle Gehaltsverhandlungen und Gehaltsunterschiede verzichtet und ein einfacheres System eingeführt.

Oder dieses unwohle Gefühl, für andere Leute zu arbeiten, die große Summen an Risikokapital investiert hatten, mit dem wir uns unsere profitable Unabhängigkeit erkauften.

Sich wohl in seiner Komfortzone zu fühlen, ist eine Grundvoraussetzung für entspanntes Arbeiten.

DIE SCHRIFTSTELLERIN
ISABEL ALLENDE HAT ZWEI
BÜROS – EINES OHNE TELEFON
UND INTERNET, DAS SIE
AUSSCHLIESSLICH ZUM SCHREIBEN
NUTZT, UND EIN ZWEITES, IN
DEM SIE IHREN PAPIERKRAM
ERLEDIGT.

Verteidigen Sie Ihre Zeit

8 ist genug, 40 ist viel

Vierzig Stunden in der Woche zu arbeiten, ist viel. Viel Zeit, um tolle Arbeit zu leisten. Viel Zeit, um ein konkurrenzfähiges Produkt zu entwickeln. Viel Zeit, um die wichtigen Dinge zu erledigen.

Also arbeiten wir bei Basecamp vierzig Stunden pro Woche. Nicht länger. Kürzer darf es häufig auch mal sein. In den Sommermonaten nehmen wir uns freitags sogar frei und schaffen in den verbleibenden 32 Stunden trotzdem noch viel vom Richtigen.

Keine Nachtschichten, keine Wochenendarbeit, kein „Es läuft gerade schlecht, also müssen wir diese Woche siebzig oder achtzig Stunden ran". Nichts davon.

Unsere 40-Stunden-Wochen bestehen aus 8-Stunden-Tagen. Und acht Stunden sind tatsächlich viel Zeit. Ein Direktflug von Chicago nach London dauert acht Stunden. Erinnern Sie sich noch an Ihren letzten transatlantischen Flug? Der dauert lange! Wenn Sie denken, jetzt sind wir gleich da, und auf die Uhr schauen, dauert es immer noch drei Stunden.

Jeder Arbeitstag ist wie ein Flug von Chicago nach London. Aber warum kommt Ihnen der Flug länger vor als die Zeit, die Sie im Büro verbringen? Weil der Flug ununterbrochene, zusammenhängende Zeit ist. Er kommt Ihnen lang vor, weil er lang *ist*!

Ihre Zeit im Büro fühlt sich dagegen kürzer an, was daran liegt, dass sie in Dutzende kleinere Zeiteinheiten unterteilt ist. Die meisten Menschen haben gar nicht acht Stunden für ihre Arbeit, sondern viel weniger. Der Rest der Zeit geht drauf für Meetings, Telefonkonferenzen und andere Ablenkungen. Selbst wenn Sie also acht Stunden im Büro sind, fühlen sich diese viel kürzer an.

Jetzt denken Sie vielleicht, dass es doch stressig sein muss, wenn man all diese Dinge in einen 8-Stunden-Tag und eine 40-Stunden-Woche stopft. Ist es aber nicht. Denn wir stopfen nicht. Wir stressen uns nicht. Und wir machen auch nicht „all diese Dinge". Wir arbeiten in einem entspannten, verträglichen Tempo. Und was wir in vierzig Stunden bis Freitagnachmittag um 17 Uhr nicht geschafft haben, nehmen wir uns am Montagmorgen um 9 Uhr erneut vor.

Wenn es Ihnen nicht gelingt, Ihr Arbeitspensum in den vierzig Stunden einer Woche zu erledigen, besteht die Lösung nicht darin, länger zu arbeiten. Vielmehr sollten Sie Ihre Aufgaben gezielter auswählen. Das meiste, von dem wir glauben, es tun zu *müssen*, müssen wir überhaupt nicht tun. Wir haben die Wahl, treffen diese aber häufig falsch.

Wenn Sie all die unnötigen Dinge weglassen, bleibt das übrig, was Sie wirklich brauchen. Und alles, was Sie brauchen, ist ein 8-Stunden-Tag, etwa fünfmal die Woche.

Die richtige Art
von Protektionismus

Unternehmen lieben es, Dinge zu schützen.

Sie schützen ihre Marke durch Markenzeichen und Gerichts-
verfahren. Sie schützen ihre Daten und vertraulichen Informationen durch Regeln, Richtlinien und Vertraulichkeits-
vereinbarungen. Und sie schützen ihr Geld durch Budgets,
Finanzchefs und Investments.

Sie schützen so viele Dinge, dass sie dabei viel zu oft vergessen, das zu schützen, was am verwundbarsten und wertvoll-
sten ist: die Zeit und Aufmerksamkeit ihrer Mitarbeiter.

Unternehmen gehen so verschwenderisch mit der Zeit und
Aufmerksamkeit ihrer Mitarbeiter um, als wären sie uner-
schöpfliche Ressourcen. Als würden sie nichts kosten. Dabei
sind die Zeit und Aufmerksamkeit unserer Mitarbeiter eine
der knappsten Ressourcen überhaupt.

Bei Basecamp verstehen wir es als unsere oberste Pflicht, die
Zeit und Aufmerksamkeit unserer Mitarbeiter zu schützen.
Sie können von Ihren Leuten keine hervorragende Arbeit
erwarten, wenn diese sich nicht einen ganzen Tag auf diese
Arbeit konzentrieren können. Partielle Aufmerksamkeit ist
praktisch keine Aufmerksamkeit.

Bei Basecamp gibt es zum Beispiel keine Status-Meetings.
Wir alle kennen diese Meetings, in denen zunächst ein Mitarbeiter spricht und irgendwelche Pläne vorstellt und dann
der nächste Mitarbeiter dasselbe tut. Diese Meetings sind
Zeitverschwendung. Warum? Es mag effizient erscheinen,

alle Leute zur gleichen Zeit zusammenzubringen. Ist es aber nicht. Und es ist teuer. Wenn acht Leute in einem Raum eine Stunde lang zusammensitzen, kostet das in Summe nicht eine Stunde, sondern acht Stunden.

Stattdessen bitten wir unsere Mitarbeiter, tägliche oder wöchentliche Updates zu formulieren, die die anderen lesen können, wenn sie gerade Zeit haben. Das spart Dutzende Stunden pro Woche und ermöglicht den Leuten, längere Zeit am Stück ohne Unterbrechung zu arbeiten. Meetings unterteilen die Zeit in „vor dem Meeting" und „nach dem Meeting". Wenn Sie diese Meetings stattdessen einfach abschaffen, haben Ihre Mitarbeiter plötzlich ausreichend viel Zeit am Stück, in der sie sich ganz ihrer Arbeit widmen können.

Zeit und Aufmerksamkeit gibt man sozusagen am besten in großen Scheinen aus, nicht in Münzen und Kleingeld. Und zwar in so vielen Scheinen, dass man damit große Zeitspannen kaufen kann, in denen man dann diese wundervolle, gründliche Arbeit machen kann, die von einem erwartet wird. Wenn man diese Zeitspannen nicht bekommt, muss man sich die konzentrierte Zeit erschnorren und ist gezwungen, die eigentliche Projektarbeit zwischen all die unwichtigen Dinge zu quetschen, die von einem tagtäglich erwartet werden.

Insofern überrascht es wenig, wenn Mitarbeiter ihr Pensum nicht schaffen und deshalb Überstunden machen, Nachtschichten einlegen und sich Arbeit mit ins Wochenende nehmen. Wo auch sonst können sie ungestört arbeiten? Traurig ist die Vorstellung, dass manche Menschen sich auf das Pendeln freuen, weil das die einzige Zeit des Tages ist, die nur ihnen gehört.

Also ja, verhalten Sie sich ruhig protektionistisch, aber schützen Sie dabei das, worauf es ankommt.

Die Qualität einer Stunde

Es gibt viele Möglichkeiten, sechzig Minuten zu unterteilen:

$1 \times 60 = 60$

$2 \times 30 = 60$

$4 \times 15 = 60$

$25 + 10 + 5 + 15 + 5 = 60$

Alle diese Rechnungen ergeben in Summe sechzig Minuten, es handelt sich dabei jedoch um ganz unterschiedliche Arten von einer Stunde. Die Zahl mag dieselbe sein, die Qualität ist es nicht. Die Qualitätsstunde, die wir suchen, setzt sich zusammen aus 1×60 Minuten.

Eine unterbrochene Stunde ist keine wirkliche Stunde, sondern ein Durcheinander von Minuten. Unter diesen lausigen Bedingungen ist es wirklich schwierig, irgendetwas Sinnvolles hinzubekommen. Eine Qualitätsstunde hat 1×60 Minuten, nicht 4×15 Minuten. Und ein Qualitätstag hat mindestens 4×60 Minuten, nicht 4×15 Minuten $\times 4$.

In einer Stunde, die ständig unterbrochen wird, ist man selten effektiv, dafür aber schnell gestresst: 25 Minuten am Telefon, gefolgt von zehn Minuten im Austausch mit einem Kollegen, der etwas von einem will, dann fünf Minuten, in denen man an der Sache arbeitet, die man eigentlich erledigen soll, und dann nochmal 15 Minuten für ein Gespräch, in das man verwickelt wird, das aber die Zeit gar nicht lohnt. Am Ende hat man dann nochmal fünf Minuten für das, was man eigentlich tun wollte. Kein Wunder, dass Menschen, die so arbeiten, schnell gereizt oder schlecht gelaunt sind.

Und zwischen diesen Kontext-Sprüngen und Multitasking-Versuchen muss man auch noch Zeitpuffer einplanen. Puffer, in denen man seinem Gehirn Gelegenheit gibt, eine Sache abzuschließen und mit der nächsten zu beginnen. So kommt es dann, dass man sich um 17 Uhr, wenn man acht Stunden im Büro war, fragt, was man heute eigentlich geschafft hat. Man weiß natürlich, dass man im Büro war, aber die Stunden hatten kein Gewicht – sie sind einfach so zerronnen, ohne greifbares Ergebnis.

Sehen Sie sich Ihre Stunden genau an. Wenn sie eine Summe von Bruchteilen sind, sollten Sie sich fragen, wer oder was diese Unterbrechungen verursacht. Lenken Ihre Kollegen Sie ab, oder sind Sie es selbst? Was können Sie ändern? An wie vielen Dingen arbeiten Sie in einer Stunde? Aufgabe für Aufgabe zu erledigen, bedeutet nicht, eine Aufgabe, dann noch eine und dann noch eine möglichst schnell hintereinander abzuschließen. Es bedeutet, eine umfangreiche Aufgabe, an der man vier Stunden am Stück – oder noch besser – einen ganzen Tag arbeitet.

Fragen Sie sich einmal: Wann hatten Sie zuletzt drei oder vier Stunden für sich, in denen Sie völlig ungestört Ihrer Arbeit nachgehen konnten? Als wir diese Frage vor Kurzem sechshundert Teilnehmern einer Konferenz stellten, meldeten sich kaum dreißig Leute. Wären Sie einer von ihnen gewesen?

DER SCHRIFTSTELLER UND
PULITZER-PREISTRÄGER COLSON
WHITEHEAD WIDMET DEM
SCHREIBEN NUR FÜNF STUNDEN
AM TAG. ZWISCHEN ZWEI
PROJEKTEN GÖNNT ER SICH EIN
JAHR LANG PAUSE, IN DEM ER
VIDEOSPIELE SPIELT UND SEINER
KOCHLEIDENSCHAFT NACHGEHT.

Effektivität vor Produktivität

Produktivitätssteigerung ist heute in aller Munde. Unzählige Methoden und Tools versprechen uns, noch produktiver zu werden. Aber produktiver wobei?

Produktivität ist etwas für Maschinen, nicht für Menschen. Es ist sinnfrei, eine bestimmte Zahl von Arbeitseinheiten in ein bestimmtes Zeitintervall zu packen bzw. immer mehr in immer weniger zu quetschen.

Maschinen können 24 Stunden am Tag, 7 Stunden die Woche arbeiten. Menschen können das nicht.

Wenn die Leute von Produktivitätssteigerung sprechen, geht es am Ende immer ums „Beschäftigtsein". Darum, jeden Moment mit Arbeit zu füllen. Und es gibt immer mehr Arbeit!

Bei Basecamp glauben wir nicht ans Beschäftigtsein. Wir glauben an Effektivität. Wie wenig können wir tun? Wie viel können wir streichen? Anstatt unsere Liste mit immer mehr To-dos zu füllen, füllen wir sie lieber mit mehr To-don'ts.

Produktiv sein bedeutet, seine Zeit zu füllen – seinen Zeitplan bis oben hin vollzupacken und so viel wie möglich erledigt zu bekommen. Effektiv sein bedeutet dagegen, mehr „unbesetzte" Zeit zu finden und diese für Dinge jenseits der Arbeit zu nutzen. Zeit für Hobbys. Zeit für Familie und Freunde. Zeit fürs Nichtstun.

Ja, es ist absolut in Ordnung, nichts zu tun zu haben. Oder noch besser: nichts zu tun zu haben, das die Mühe lohnen würde. Wenn Sie an einem Tag nur drei Stunden zu tun haben, hören Sie danach auf. Füllen Sie Ihren Tag nicht mit weiteren fünf Stunden, nur um beschäftigt zu sein oder sich produktiv zu fühlen. Etwas nicht zu tun, weil es die Mühe nicht lohnt, ist eine wunderbare Art, seine Zeit zu verbringen.

Der Mythos des Arbeitens bis zum Umfallen

Sie können nicht schneller oder mehr arbeiten als alle anderen. Es wird immer jemanden geben, der bereit ist, genauso hart zu arbeiten wie Sie. Jemanden, der genauso hungrig ist wie Sie. Oder noch hungriger.

Indem man annimmt, man könne härter und länger arbeiten als andere, überhöht man die eigene Anstrengung und vernachlässigt die der anderen. Wenn Sie 1.001 Stunden arbeiten und der andere 1.000, macht das am Ende keinen Unterschied.

Noch schlimmer ist es, wenn Vorgesetzte ihre Mitarbeiter für ihre großartige „Arbeitsmoral" loben, weil sie immer präsent sind, immer erreichbar und immer fleißig. Das ist ein besonders schlechtes Beispiel für gute Arbeitsmoral und ein gutes Beispiel für jemanden, der überarbeitet ist.

Eine gute Arbeitsmoral zeigt sich nicht darin, dass man immer dann arbeitet, wenn man dazu aufgefordert wird. Sie besteht vielmehr darin, dass man gute Arbeit macht, die Aufgabe, den Kunden und seine Kollegen respektiert, keine Zeit verplempert, anderen keine unnötige Arbeit macht und keinen Engpass erzeugt. Arbeitsmoral bedeutet, dass man im Grunde ein guter Mensch ist, auf den man sich verlassen kann und mit dem man gern zusammenarbeitet.

Was macht Menschen demnach erfolgreich, wenn die Lösung nicht darin besteht, mehr zu arbeiten als andere?

Menschen sind erfolgreich, weil sie Talent besitzen, Glück haben und zur richtigen Zeit am richtigen Ort sind. Weil sie gut mit anderen zusammenarbeiten und eine Idee verkaufen können. Weil sie wissen, was Menschen bewegt, weil sie Geschichten erzählen können und wissen, worauf es ankommt. Sie sehen stets das große Ganze und die wichtigen Details. Sie wissen, wie man Gelegenheiten beim Schopf ergreift. Die Liste ließe sich noch lange fortsetzen.

Verabschieden Sie sich also von der Idee, mehr arbeiten zu müssen als alle anderen. Setzen Sie Arbeitsmoral nicht länger mit einem riesigen Arbeitspensum gleich. Nichts davon bringt Sie weiter oder hilft Ihnen auf dem Weg zu einer entspannten Arbeitskultur.

Auf der Arbeit fehlt die Zeit zum Arbeiten

Fragen Sie die Leute einmal, wohin sie gehen, wenn sie wirklich etwas geschafft bekommen wollen. So gut wie niemand wird sagen: ins Büro.

Und das stimmt. Wenn Sie wirklich etwas erledigen müssen, gehen Sie nicht ins Büro. Wenn Sie es dennoch müssen, sehen Sie in der Regel zu, dass Sie früh morgens, spät abends oder am Wochenende dort sind. Also immer, wenn sonst keiner da ist. Zu diesen Zeiten ist es auch nicht mehr „das Büro", sondern einfach ein ruhiger Ort, an dem Sie niemand stört.

Viel zu viele Menschen schaffen es nicht mehr, ihre Arbeit auf der Arbeit zu erledigen.

Es ergibt keinen Sinn: Unternehmen stecken riesige Summen in den Kauf oder die Miete eines Büros und statten dieses mit Schreibtischen, Stühlen und Computern aus. Das Ganze ordnen sie dann so an, dass niemand mehr auf der Arbeit arbeiten kann.

Moderne Büros sind zu regelrechten Störungsfabriken geworden. Sobald Sie das Büro betreten, werden Sie zum Ziel der Gespräche, Fragen oder Ablenkungen anderer. Wenn Sie erst einmal drin sind, kann man Sie erfassen, befragen oder in ein Meeting zerren. Und in ein weiteres Meeting zu diesem Meeting. Wie soll man in solch einer Umgebung noch zum Arbeiten kommen?

Es ist mittlerweile in Mode, Ablenkungen wie Facebook, Twitter und YouTube dafür verantwortlich zu machen. Diese Dinge sind jedoch nicht das Problem, genauso wenig wie Zigarettenpausen vor dreißig Jahren das Problem waren.

Die größten Ablenkungen auf der Arbeit kommen nicht von außen, sondern von innen: der Vorgesetzte, der durch die Büros geht und sich ständig nach dem Stand der Dinge erkundigt. Das Meeting, bei dem wenig erreicht wird, außer dass ihm ein weiteres Meeting nächste Woche folgt. Die engen Büros, in denen Mitarbeiter wie Ölsardinen zusammengepfercht sitzen. Die ständig klingelnden Telefone im Vertrieb oder der laute Pausenraum am anderen Ende des Flurs. Dies sind heute die toxischen Nebenprodukte des Büroalltags.

Ist Ihnen schon mal aufgefallen, wie viel Sie im Flugzeug oder in der Bahn erledigt bekommen? Oder – noch abartiger – im Urlaub? Oder wenn Sie sich in den Keller zurückziehen? Oder am späten Sonntagnachmittag, wenn Sie sonst nichts zu tun haben, den Laptop aufklappen und auf die Tastatur hämmern? Es sind diese Momente – fernab der Arbeit und des Büros –, in denen es sich am besten arbeiten lässt. Störungsfreie Zonen.

Die Menschen arbeiten nicht länger, weil sie plötzlich mehr zu tun haben. Sie arbeiten länger, weil sie ihre Arbeit nicht mehr auf der Arbeit schaffen.

Sprechzeiten

Bei Basecamp gibt es Experten für die unterschiedlichsten Dinge: Leute, die Fragen zu Statistiken, zum Handling von JavaScript-Events, zu kritischen Schwellen in Datenbanken, zu Netzwerkdiagnosen oder kniffligem Copy-Editing beantworten können. Wenn man bei Basecamp arbeitet und eine Antwort benötigt, muss man nur einen Experten anklingeln.

Das ist toll und schrecklich zugleich.

Es ist toll, wenn die richtige Antwort zu neuen Erkenntnissen führt oder einen weiterbringt. Aber es ist schrecklich, wenn dieser Experte bereits mit der fünften Frage dieses Tages beschäftigt ist und der Tag dann plötzlich vorbei ist.

Die Person, die die Frage hatte, *brauchte* etwas und hat es bekommen. Die Person, die die Antwort hatte, war *mit etwas anderem beschäftigt* und musste ihre Tätigkeit unterbrechen. Das ist nicht wirklich ein fairer Deal.

Das Problem entsteht, wenn Sie es den Leuten zu einfach machen, Fragen zu stellen, sobald diese auftauchen, und ihnen das Gefühl geben, dass es in Ordnung ist, jederzeit Fragen zu stellen. Die meisten Fragen sind jedoch nicht wirklich drängend – viele Menschen haben einfach nur das Bedürfnis, sofort einen Fachmann zu fragen.

Wenn besagter Fachmann nun genau zu dem Zweck bei der Firma beschäftigt ist, dass er den ganzen Tag für Fragen zur Verfügung steht, dann ist das in Ordnung. Unsere Experten haben jedoch ihre eigene Arbeit zu erledigen. Und beides gleichzeitig geht nicht.

Stellen Sie sich einmal vor, wie ein Tag dieses Experten aussieht, wenn die Person ständig durch die Fragen anderer gestört wird. Es kann sein, dass sie pro Tag keine Frage, eine Handvoll Fragen oder ein Dutzend Fragen bearbeitet. Und was noch schlimmer ist: Die Person weiß nie, wann die Fragen auftauchen. Man kann seinen eigenen Arbeitstag nur schwer planen, wenn alle anderen nach Belieben darüber verfügen.

Deshalb haben wir uns einer Idee aus der Hochschulwelt bedient: Sprechzeiten. Alle Fachleute bei Basecamp geben mittlerweile Sprechzeiten an. In manchen Fällen bedeutet dies eine offene Sprechstunde jeden Dienstagnachmittag. Andere stehen jeden Tag eine Stunde für Fragen zur Verfügung. Jeder Experte entscheidet selbst, wann er erreichbar ist.

Was ist nun aber, wenn man am Montag eine Frage hat, die Sprechstunde des Kollegen aber erst am Dienstag ist? Ganz einfach: Man wartet. Man arbeitet dann bis Dienstag an etwas anderem oder findet bis Dienstag selbst die Lösung. Genauso wie man bis zur Sprechstunde seines Professors warten würde.

Das mag auf den ersten Blick ineffizient erscheinen. Sogar bürokratisch. Wir haben jedoch anderes erlebt. Sprechzeiten sind mittlerweile ein großer Erfolg bei Basecamp.

Es hat sich herausgestellt, dass das Warten meistens kein großes Problem ist. Die Zeit und Kontrolle, die unsere Experten dabei zurückgewonnen haben, haben allerdings viel ausgemacht: ruhigere Tage, längere Zeit am Stück ungestört arbeiten und feste Termine, an denen die Experten dann in einen professionelleren Modus umschalten können, Dinge erklären, Kollegen helfen und Wissen weitergeben.

Es ist einerseits etwas, auf das man sich freut, und andererseits etwas, das man erledigen und abhaken kann. Das passt für alle Beteiligten wunderbar.

Lassen Sie also Ihre Bürotür offenstehen (aber nur dienstags von 9 bis 12 Uhr!).

ALICE WATERS, GASTRONOMIN UND PIONIERIN DER SLOW-FOOD-BEWEGUNG, BEGINNT IHREN TAG MIT EINEM SPAZIERGANG ODER DAMIT, EIN FEUER ZU MACHEN.

Terminkalender-Tetris

Der öffentliche Terminkalender ist eine der schädlichsten Erfindungen unserer Zeit. So vieles kreist darum, so vieles ist damit verbunden und so vieles geht deshalb schief.

Wenn Sie bei Basecamp einen Termin mit einem Kollegen ausmachen wollen, müssen Sie das mühsame und direkte Gespräch suchen. Es gibt keine einfache, automatisierte Funktion. Sie müssen einen guten Grund vorbringen. Sie können nicht einfach auf den Terminkalender eines Kollegen zugreifen, einen freien Slot suchen und diesen blockieren. Warum nicht? Weil die Terminkalender bei Basecamp nicht öffentlich sind.

Das verstößt in den meisten Firmen, die wir uns angesehen haben, gegen den gesunden Menschenverstand. Dort kann fast überall jeder den Arbeitstag des anderen einsehen. Die Terminkalender der Mitarbeiter sind nicht nur vollkommen öffentlich, sie sind sogar so optimiert, dass sich jeder, der gerade Lust dazu hat, dort eintragen kann. Die Leute werden regelrecht dazu ermutigt, den Arbeitstag ihrer Kollegen in rote, grüne und blaue 30-Minuten-Blöcke zu unterteilen.

Haben Sie kürzlich mal in Ihren Terminkalender geschaut? Wie viele der Einträge dort stammen tatsächlich von Ihnen? Wie viele von anderen?

Wenn Sie die Terminkalender Ihrer Mitarbeiter so optimieren, dass sie mühelos tranchiert werden können, sollte es Sie nicht wundern, wenn die Arbeitszeit Ihrer Belegschaft in Einzelteile zerlegt wird. Wenn Sie es Ihren Leuten zudem noch einfach machen, fünf weitere Personen zu einem Meeting einzuladen – weil die Software den freien Slot findet, der für alle passt! –, wird es immer mehr Meetings mit sechs Teilnehmern geben.

Einer Person ihre Zeit wegzunehmen, sollte wehtun. Vielen Personen ihre Zeit wegzunehmen, sollte so aufwendig sein, dass die Leute es nicht einmal versuchen, es sei denn, es ist WIRKLICH WICHTIG! Meetings sollten daher der letzte Ausweg sein, vor allem große Meetings.

Wenn Ihnen jemand Ihre Zeit stiehlt, kostet ihn das nichts. Sie kostet es dagegen alles. Denn Sie können Ihre Arbeit nur gut machen, wenn Sie ausreichend „quality time", also Qualitätszeit, dafür haben. Wenn Ihnen die jemand nimmt, nimmt er Ihnen zugleich das schöne Gefühl, am Ende des Arbeitstages ordentlich etwas geschafft zu haben. Damit geht die tiefe Zufriedenheit verloren, die entsteht, wenn man mit einer Sache wirklich vorankommt, anstatt nur darüber zu reden.

Wenn Sie nicht Herr (oder Frau) über den Großteil Ihrer Zeit sind, ist es unmöglich, entspannt zu sein. Sie fühlen sich dann immer gestresst und der Möglichkeit beraubt, Ihre Arbeit anständig zu erledigen.

Dieses Terminkalender-Tetris lässt sich schnell mit Aussagen wie „Es ist doch nur eine Einladung!" rechtfertigen. Niemand schlägt jedoch gern eine Einladung aus. Und niemand will als kompliziert oder unzugänglich gelten. Also lässt man die Tetris-Steine fallen, bis der eigene Tag vollkommen blockiert ist und es schließlich heißt: *Game over.*

Wenn es Ihnen zu mühsam ist, ein Meeting ohne die Unterstützung von Software anzuberaumen, lassen Sie es lieber bleiben. Dann war es wahrscheinlich auch gar nicht nötig.

Das Gefängnis der ständigen Erreichbarkeit

Grundsätzlich weiß bei Basecamp niemand, wo die anderen gerade sind. Arbeiten sie gerade? Keine Ahnung. Machen sie gerade Pause? Wir wissen es nicht. Sind sie beim Mittagessen? Keinen Schimmer. Ist uns auch egal.

Bei Basecamp verlangen wir von niemandem, seinen Aufenthaltsort oder seine Erreichbarkeit mitzuteilen. Die Mitarbeiter vor Ort sind nicht an ihre Stühle gefesselt, und unsere Remote-Worker müssen nicht angeben, ob sie gerade online sind.

„Aber wie weiß man, ob jemand gerade arbeitet, wenn man ihn nicht sieht?" Genauso gut könnte man fragen: „Wie weiß man, ob jemand arbeitet, wenn man ihn *sehen kann*?". Man weiß es nicht. Der einzige Weg herauszufinden, ob jemand seine Arbeit macht, ist, sich diese Arbeit anzusehen. Das ist Aufgabe des Chefs. Wenn dieser dazu nicht in der Lage ist, sollte er sich einen anderen Job suchen.

Die technologische Entwicklung verstärkt dieses Problem noch. Mittlerweile will nicht nur der Vorgesetzte wissen, wo sich seine Mitarbeiter gerade aufhalten, sondern auch alle anderen. Durch die Verbreitung von Chat-Tools, die in immer mehr Büros Einzug halten, wird von den Mitarbeitern erwartet, dass sie ständig ihren aktuellen Status posten. Sie sind zu Sklaven eines kleinen Punktes geworden: grün für „erreichbar", rot für „abwesend".

Wenn aber jeder weiß, dass Sie erreichbar sind, lädt das zum Stören ein. Sie könnten dann auch gleich ein Neonschild über Ihrem Kopf aufhängen mit der Aufschrift: „STÖRE MICH!" Versuchen Sie mal, drei Stunden „erreichbar" zu sein und dann drei Stunden „abwesend". Bestimmt bekommen Sie mehr Arbeit erledigt, wenn Ihr Status auf „abwesend" steht.

Und wenn Sie etwas von jemandem wollen, aber nicht wissen, ob dieser Jemand gerade erreichbar ist? Fragen Sie ihn! Wenn er reagiert, haben Sie, was Sie wollten. Tut er es nicht, heißt das nicht, dass er Sie ignoriert, sondern nur, dass er gerade mit etwas anderem beschäftigt ist. Respektieren Sie das. Gehen Sie immer davon aus, dass die Leute gerade konzentriert an etwas arbeiten.

Gibt es Erwartungen? Klar. Es ist zum Beispiel gut zu wissen, wer in einem echten Notfall zur Stelle ist. Diese Fälle, die mit einer Wahrscheinlichkeit von einem Prozent eintreten, sollten jedoch nicht 99 Prozent des Arbeitsalltags bestimmen.

Gehen Sie also einen Schritt in Richtung einer entspannten Arbeitskultur, und befreien Sie Ihre Mitarbeiter davon, ständig ihren Aufenthaltsort und ihren Status mitteilen zu müssen. Der Status eines jeden Mitarbeiters sollte sowieso selbstverständlich sein: „Ich versuche, meinen Job zu machen. Bitte respektiert meine Zeit und stört mich nicht."

Ich melde mich bei Ihnen – irgendwann

Die Erwartung, dass man eine Antwort auf seine Nachricht erhält, sobald man diese abgeschickt hat, ist häufig der Tropfen, der im Büro das Fass zum Überlaufen bringt.

Zunächst schickt Ihnen jemand eine E-Mail. Wenn er nach wenigen Minuten keine Antwort erhält, textet er Ihnen. Immer noch keine Antwort? Dann greift er zum Telefonhörer. Als Nächstes fragt er Ihren Kollegen, wo Sie sind. Und dann unternimmt dieser Kollege noch einmal genau die gleichen Schritte, um Sie zu erreichen.

Plötzlich werden Sie aus dem herausgerissen, an dem Sie gerade arbeiten. Ist es ein Notfall? Okay, das ist in Ordnung. Der andere ist entschuldigt. Ist es allerdings kein Notfall – und es ist fast nie ein Notfall! –, dann gibt es keine Entschuldigung.

Fast immer ist die Erwartung, dass man eine unmittelbare Antwort bekommt, eine unsinnige Erwartung. Doch durch all die Tools, die Kommunikation in Echtzeit ermöglichen und derzeit die Bürowelt erobern – vor allem Instant-Messaging-Dienste und Gruppenchats –, ist die Erwartung, dass man sofort eine Antwort auf seine Frage erhält, zur neuen Normalität geworden.

Fortschritt sieht anders aus.

Weit verbreitet ist die Annahme: Wenn ich dir schnell schreiben kann, kannst du auch schnell antworten, oder? Technisch gesehen stimmt das. Praktisch allerdings nicht.

Die Geschwindigkeit, in der Sie eine Person erreichen können, sagt nichts darüber aus, wie schnell diese Person Ihnen antworten muss. Das bestimmt allein der Inhalt der Nachricht. Notfälle sind okay. Aber: Sie möchten, dass ich die Sache, die ich Ihnen letzte Woche geschickt habe, erneut schicke? Das kann warten. Sie brauchen eine Antwort auf eine Frage, die Sie selbst beantworten können? Das kann warten. Sie wollen wissen, um welche Uhrzeit der Kunde in drei Tagen kommt? Das kann warten.

Fast alles kann warten. Und fast alles sollte warten.

Bei Basecamp haben wir versucht, eine Kultur des Irgendwann-Antwortens zu entwickeln, nicht des Sofort-Antwortens. Eine Kultur, bei der die Leute nicht gleich ausflippen, wenn sie die Antwort auf eine nicht dringliche Frage erst drei Stunden später erhalten. Eine Kultur, in der wir es nicht nur tolerieren, sondern unsere Mitarbeiter aktiv dazu ermutigen, nicht ständig ihre E-Mails, Chatverläufe oder Instant-Messaging-Nachrichten zu checken, um so über längere Zeit ungestört arbeiten zu können.

Versuchen Sie es einmal. Stellen Sie eine Frage und gehen Sie dann zurück an Ihre Arbeit. Ohne Erwartungshaltung. Sie werden eine Antwort bekommen, sobald die andere Person dafür Zeit hat.

Und wenn diese Antwort nicht schnell erfolgt, bedeutet dies nicht, dass der andere Sie ignoriert. Er ist wahrscheinlich nur gerade beschäftigt. Haben Sie nicht auch noch etwas anderes zu tun, während Sie warten?

Warten ist vollkommen in Ordnung. Der Himmel wird nicht einstürzen und das Unternehmen wird nicht untergehen. Es wird einfach ein entspannterer, coolerer, angenehmerer Ort zum Arbeiten. Für alle.

FOMO? JOMO!

Kennen Sie FOMO – „the fear of missing out", also die Angst, etwas zu verpassen? Es ist die krankhafte Angewohnheit, ständig seine Twitter-Feeds, Facebook-Updates, Instagram-Stories, WhatsApp-Gruppen oder Nachrichten-Apps zu checken. Mittlerweile schauen die Leute zigmal am Tag auf ihr Smartphone, wenn wieder eine neue Push-Nachricht eintrifft und das Handy vibrieren lässt – ES KÖNNTE JA WICHTIG SEIN! (Es ist so gut wie nie wichtig.)

Und dieses Verhalten beschränkt sich nicht mehr allein auf die sozialen Medien. Es breitet sich auch am Arbeitsplatz aus. Als würden E-Mails FOMO nicht schon genug begünstigen. Jetzt gibt es auch noch allerhand neueste Echtzeit-Tools wie Chats, die das Ganze befeuern. Noch eine Sache, die den ganzen Tag ununterbrochen Ihre partielle Aufmerksamkeit fordert, weil Sie ja nichts verpassen dürfen.

Schluss damit. Die Leute sollten etwas verpassen! Die meisten Leute sollten sogar meistens das meiste verpassen. Das versuchen wir bei Basecamp zu fördern: JOMO – „the joy of missing out"!

Mit JOMO halten Sie die Flut an Informationen, Geplänkel und Unterbrechungen auf und erledigen endlich Ihre eigentliche Arbeit. Mit JOMO bringen Sie sich auf den aktuellen Stand, indem Sie am nächsten Morgen eine einzige Mail mit einer Zusammenfassung des vergangenen Tages lesen, anstatt über den Tag hinweg einem dahinträufelnden Nachrichten-Feed zu folgen. It's JOMO, baby, JOMO.

Es gibt nämlich überhaupt keinen Grund dafür, dass alle immer versuchen sollten, über alles im Unternehmen Bescheid zu wissen. Und schon gar nicht in Echtzeit! Wenn es wichtig ist, erfahren Sie es früh genug. Und meistens ist es das nicht. Der Großteil dessen, was tagtäglich innerhalb der Unternehmensmauern vor sich geht, ist banal. Und das ist wunderbar. Denn wir arbeiten – wir produzieren keine Nachrichten. Wir müssen endlich damit aufhören, so zu tun, als sei jedes noch so kleine Ereignis im Büro eine Eilmeldung wert.

Bei Basecamp versuchen wir dem beispielsweise dadurch beizukommen, dass wir monatlich sogenannte „Heartbeats" erstellen. Das sind Zusammenfassungen über die Arbeit, die das Team geleistet, und die Fortschritte, die es erzielt hat, verfasst vom Teamleiter und bestimmt für alle Mitarbeiter im Unternehmen. Also praktisch all die Details auf das reduziert, was auch andere interessiert. Und gerade so umfangreich, dass Interessierte am Ball bleiben können, ohne sich mit tausend unwichtigen Einzelheiten herumschlagen zu müssen.

Heutzutage behandeln viele Unternehmen jedes Detail eines Projekts so, als müssten sie gleich einen unangekündigten Test schreiben. Sie glauben, sie müssten alle Fakten, Zahlen, Namen und Ereignisse kennen. Das ist nicht nur eine Verschwendung von intellektuellem Potenzial, sondern auch eine ungeheuerliche Verschwendung von Aufmerksamkeit.

Konzentrieren Sie sich auf Ihre unmittelbare Arbeit. Mehr verlangen wir nicht. Wenn es etwas gibt, das Sie wissen müssen, werden Sie es wissen. Versprochen. Wenn Sie neugierig sind, fein – verfolgen Sie, was immer Sie möchten. Wir möchten jedoch, dass die Menschen wieder diese selbstvergessene Freude empfinden, die man verspürt, wenn man sich so richtig in etwas vertieft. Nicht diese hektische, wilde Angst, etwas zu verpassen, das sowieso niemanden interessiert.

DER PHYSIKER STEPHEN HAWKING HATTE, WAS ZEITFRAGEN BETRIFFT, EINE GROSSZÜGIGE EINSTELLUNG ZU SEINER FORSCHUNG UND SEINER ARBEIT UND ERMUNTERTE SEINE STUDENTEN, SICH AUCH ZEIT FÜR ANDERE DINGE WIE MUSIK ODER FREUNDE ZU NEHMEN.

Pflegen Sie Ihre Kultur

Wir sind keine Familie

Unternehmen behaupten gern „Wir sind hier alle eine große Familie". Nein, sind sie nicht. Und wir bei Basecamp sind es auch nicht. Wir sind Kollegen. Das bedeutet nicht, dass wir uns nicht umeinander kümmern. Es bedeutet auch nicht, dass wir uns nicht füreinander ins Zeug legen. Wir kümmern uns und wir legen uns ins Zeug. Aber wir sind keine Familie. Und Ihr Unternehmen ist das ebenfalls nicht.

Basecamp ist auch nicht „unser Baby". Es ist unser Produkt. Wir wollen, dass es erstklassig wird, aber wir geben nicht unser letztes Hemd dafür. Das würden Sie für Ihr Produkt auch nicht tun.

Wir müssen uns und anderen nichts vormachen. Wir sind Menschen, die zusammenarbeiten, um ein Produkt herzustellen. Und darauf sind wir stolz. Basta.

Wenn Vorgesetzte behaupten, das Unternehmen sei eine große Familie, seien Sie auf der Hut. Damit meinen sie in der Regel nicht, dass die Firma immer hinter Ihnen steht, egal was geschieht, oder Sie bedingungslos liebt – so wie das in gesunden Familien der Fall ist. Nein, ihr Motiv ist eher eine einseitige Form der Opferdarbringung, nämlich Ihrer.

Wenn man das Bild der Familie heraufbeschwört, folgt dem zwangsläufig der Heldenmut, alles für diese Familie zu geben. Das bedeutet dann nicht einfach nur, dass man bis spät in die Nacht arbeitet oder seinen Urlaub sausen lässt, um das Ergebnis weiter zu verbessern. Nein, nein, man tut das ja *für die Familie*. Solch ein deutlicher Appell ist nur nötig, wenn jemand Sie dazu bringen will, dass Sie Ihr rationales Eigeninteresse über Bord werfen.

Um freundlich, hilfsbereit oder beschützend zu sein, muss man nicht so tun, als seien alle eine Familie. Diese Werte finden ihren Ausdruck sogar besser in Prinzipien, Richtlinien – und vor allem Taten.

Außerdem: Haben Sie nicht bereits eine Familie oder Freunde, die sich wie Ihr eigenes Fleisch und Blut anfühlen? Das moderne Unternehmen ist schließlich keine Straßengang aus Waisenkindern, die sich in der ach so harten Welt da draußen behaupten müssen. Das Bestreben, die Familie, die Sie bereits haben, zu ersetzen, ist nur ein weiterer Versuch, die Bedürfnisse des Unternehmens über die Bedürfnisse Ihrer eigentlichen Familie zu stellen. Ein ziemlich geschmackloser Trick, wenn Sie uns fragen.

Erfolgreiche Unternehmen sind keine Familien. Sie sind Unterstützer von Familien. Verbündete. Ihre Aufgabe ist es, eine gesunde, erfüllende Arbeitsumgebung zu schaffen, die es den Mitarbeitern dann, wenn diese ihre Laptops zu einer vernünftigen Zeit zuklappen, erlaubt, die bestmöglichen Ehemänner, Ehefrauen, Eltern, Geschwister und Kinder zu sein.

Machen Sie es vor

Die Vorzüge geregelter Arbeitszeiten, ausreichend langer Pausen sowie eines gesunden Lebensstils werden Sie Ihren Mitarbeitern nicht näherbringen, wenn Sie als Chef genau das Gegenteil tun. Wenn der Leitwolf Überstunden macht, folgt ihm das Rudel zwangsläufig. Nicht Ihre Worte zählen, sondern Ihre Taten.

In Unternehmen mit steilen Hierarchien zeigt sich dies noch deutlicher: Wenn der Chef Ihres Chefs mit schlechtem Beispiel vorangeht, setzt sich dieses Bild nach unten fort und entwickelt sich schnell zu einer Lawine.

Denken Sie nur an diese abgedroschenen Geschichten über den Geschäftsführer, der mit nur vier Stunden Schlaf auskommt, immer der Erste auf dem Parkplatz ist, vor dem Frühstück schon drei Meetings gehalten hat und immer als Letzter das Licht ausmacht. Welch ein Held! Wahrlich einer, der für das Unternehmen lebt und sich selbst zurückstellt.

Nur, er ist kein Held. Wenn Sie Ihre Truppe nur durch ein Regiment der Überarbeitung zu motivieren wissen, sollten Sie nach etwas Tiefgründigerem suchen. Denn das, was unten ankommt, ist selten Bewunderung, sondern meist Angst und Sorge. Ein Chef, der Selbstaufopferung lebt, fordert diese automatisch auch von seinen Mitarbeitern ein.

Auf dem Schlachtfeld mag das eine tapfere Eigenschaft sein, im Büro dagegen nicht. Das Schicksal der meisten Unternehmen entscheidet sich nicht in erbitterten Kämpfen darum, wer die letzte Videokonferenz des Tages hält oder wer die härteste Deadline setzt.

Wenn Sie als Vorgesetzter wollen, dass Ihre Mitarbeiter Urlaub nehmen, müssen Sie selbst Urlaub nehmen. Wenn Sie möchten, dass sie bei Krankheit zu Hause bleiben, können Sie nicht mit triefender Nase ins Büro kommen. Und wenn Sie vermeiden wollen, dass sich Ihre Mitarbeiter schuldig fühlen, weil sie am Wochenende mit ihren Kindern im Freizeitpark waren, posten Sie selbst einige Bilder von sich und Ihren Kindern von dort.

Arbeitswut ist eine ansteckende Krankheit, deren Verbreitung Sie nicht aufhalten können, wenn Sie sie selbst ins Büro einschleppen. Verbreiten Sie stattdessen lieber etwas Entspannung.

Der Vertrauens-Akku

Waren Sie schon mal in einer Beziehung, in der Sie von jeder Kleinigkeit, die Ihr Partner gemacht hat, genervt waren? Allein genommen würden Sie diese nervigen Dinge nicht stören. In solchen Fällen geht es allerdings selten um Kleinigkeiten. Es geht um etwas anderes.

Dasselbe kann auf der Arbeit passieren: Jemand sagt oder tut etwas, und der andere rastet aus. Aus der Ferne betrachtet wirkt dies wie eine Überreaktion. Man versteht einfach nicht, was das Ganze soll. Es geht aber um etwas anderes.

Der Vertrauens-Akku ist leer.

Tobias Lütke, der CEO von Shopify, hat diesen Begriff geprägt und ihn in einem Interview mit der *New York Times* folgendermaßen erläutert: „Ein weiteres Konzept, mit dem wir uns viel beschäftigen, ist der sogenannte Vertrauens-Akku. Dieser Akku ist zur Hälfte aufgeladen, wenn Sie neu im Unternehmen anfangen. Jedes Mal, wenn Sie dann mit einem anderen Mitarbeiter zusammenarbeiten, wird dieser Vertrauens-Akku zwischen Ihnen beiden aufgeladen oder entladen – je nachdem, ob der andere sein Wort hält oder nicht."

Die Übernahme dieses Begriffs hat es uns bei Basecamp erlaubt, Arbeitsbeziehungen genauer in den Blick zu nehmen. So konnten wir den natürlichen Reflex zurückfahren, immer gleich bewerten zu wollen, ob jemand mit seinem Eindruck von einer anderen Person „recht hat" (was von vornherein eine unsinnige Vorstellung ist). Indem wir uns den Ladestand des Vertrauens-Akkus ansehen, stellen wir den Konflikt in einen Kontext, in dem wir ihn besser bewerten können.

Der Vertrauens-Akku ist praktisch die Summe aller bisherigen Interaktionen zwischen zwei Menschen. Wenn man den Akku aufladen will, muss man die Dinge in Zukunft anders machen. Man muss seine Verhaltensweisen und Einstellungen ändern, alles andere zählt nicht.

Der Vertrauens-Akku ist zudem eine individuelle Angelegenheit. Annas Vertrauens-Akku gegenüber Paul ist anders geladen als Karolas Vertrauens-Akku gegenüber Paul. Bei Anna ist er vielleicht zu 85 Prozent geladen, bei Karola nur zu zehn Prozent. Paul kann seinen Vertrauens-Akku gegenüber Karola nicht aufladen, indem er sein Verhalten Anna gegenüber ändert. Das Aufladen von Beziehungen erfolgt in der Regel eins zu eins, also zwischen zwei Personen. Deshalb verstehen Menschen, die gut miteinander auskommen, häufig nicht, warum ein anderer Schwierigkeiten mit dem guten Freund oder der guten Freundin hat.

Ein schwach geladener Vertrauens-Akku ist häufig der eigentliche Grund für Konflikte am Arbeitsplatz. Er sorgt für aufreibende Begegnungen und angespannte Situationen. Wenn der Akku leer ist, kommt einem alles falsch und schlecht vor. Ein Ladestand von zehn Prozent bedeutet, dass eine Begegnung mit neunzigprozentiger Wahrscheinlichkeit in die Hose geht.

Gute Beziehungen auf der Arbeit zu pflegen ist – ähhh – *Arbeit.* Und diese kann man nur in Angriff nehmen, wenn man sich bewusst macht, worum es geht. Das Schlimmste, was Sie machen können, ist, so zu tun, als spielten zwischenmenschliche Emotionen keine Rolle. Als ginge es bei der Arbeit „nur um die Arbeit". Das ist schlichtweg ignorant. Wir sind Menschen, ob wir nun im Büro sind oder zu Hause.

Seien Sie nicht der Letzte, der es erfährt

Wenn ein Vorgesetzter sagt „Meine Tür steht immer offen", ist das keine Einladung, sondern Drückebergerei. Damit halst er die Bürde, mit Missständen auf ihn zuzukommen, komplett seinen Mitarbeitern auf.

Der einzige Zeitpunkt, zu dem solch eine leere Geste überhaupt einen Zweck erfüllt, ist, wenn das Kind bereits in den Brunnen gefallen ist. Dann kann man sie aus der Schublade ziehen und fragen „Warum haben Sie denn nichts gesagt?" und „Ich habe Ihnen doch gesagt, dass Sie mit jedem Problem zu mir kommen können". *augenroll*

Vorgesetzte sollten wissen, an welcher Stelle sie oder das Unternehmen Fehler machen. Aber wer weiß schon, wie der Chef reagiert, wenn man ihm mit solch direktem Feedback kommt? Es ist ein Minenfeld, und jeder Mitarbeiter kennt jemanden, der bereits in Stücke gerissen wurde, als er das falsche Thema zur falschen Zeit beim falschen Vorgesetzten angesprochen hat. Warum also sollten die Mitarbeiter ihren Job für das leere Versprechen einer offenen Tür aufs Spiel setzen?

Sie werden es in der Regel nicht tun. Und sie sollten es auch nicht tun müssen.

Wenn ein Vorgesetzter wirklich wissen will, was vor sich geht, ist die Lösung beschämend einfach: Er muss Fragen stellen! Und zwar keine vagen, selbstgefälligen Bullshit-Fragen wie „Was können wir noch besser machen?", sondern harte

Fragen wie „Worüber traut sich hier niemand zu sprechen?",
„Gibt es etwas, das Ihnen Sorge bereitet?" oder „Haben Sie
kürzlich an etwas gearbeitet, von dem Sie wünschten, Sie
könnten es noch einmal überarbeiten?". Oder noch konkre-
ter: „Was hätten wir Ihrer Meinung nach anders machen
können, um Jane besser zu unterstützen?" oder „Welches sind
Ihre Empfehlungen, bevor wir mit unserem Großprojekt der
Website-Neugestaltung beginnen?"

Nur indem Sie echte, direkte Fragen stellen, machen Sie deutlich, dass auch echte Antworten erwünscht sind. Und selbst
dann bekommen Sie diese nicht sofort. Das erste Mal, wenn
Sie fragen, erzählt man Ihnen vielleicht zwanzig Prozent der
Wahrheit. Nach einer gewissen Zeit kennen Sie dann fünfzig Prozent. Und wenn Sie als vertrauenswürdiger Vorgesetzter auftreten und die Antwort wirklich einfordern, sind Sie
am Ende vielleicht zu achtzig Prozent im Bilde. Schminken
Sie sich jedoch ab, jemals die ganze Wahrheit zu erfahren.

Tatsache ist, je weiter oben Sie in der Hierarchie stehen, desto
weniger wissen Sie, was *wirklich* Sache ist. Es mag widersin-
nig erscheinen, aber der CEO ist in der Regel derjenige, der
die Dinge als Letzter erfährt. Viel Macht bedeutet auch viel
Unwissenheit.

Bei Basecamp versuchen wir deshalb, nah dran zu sein und
Fragen zu stellen, statt nur abwartend in der Tür zu stehen.
Nicht ständig, denn Sie sollten erst Fragen stellen, wenn Sie
dazu bereit sind und der Antwort entsprechend handeln können. Aber doch häufig genug, um über den Großteil dessen,
was vor sich geht, im Bilde zu sein.

BRUNO CUCINELLI, GRÜNDER DER GLEICHNAMIGEN ITALIENISCHEN MODEMARKE, VERBIETET SEINEN MITARBEITERN, LÄNGER ALS BIS 16:30 UHR ZU ARBEITEN, DA ER DER MEINUNG IST, DAS VERSCHICKEN VON E-MAILS NACH FEIERABEND VERLETZE DIE PRIVATSPHÄRE SEINER MITARBEITER.

Passen Sie auf, was Sie sagen

Als Chef gibt es so etwas wie beiläufig gemachte Vorschläge nicht. Wenn die Person, die die Lohnabrechnungen abzeichnet, dieses oder jenes sagt, wird dieses oder jenes unweigerlich zur obersten Priorität.

Eine eher unwichtige Bemerkung wie „Sind wir eigentlich auf Instagram aktiv genug?" kann dazu führen, dass Instagram plötzlich ganz oben auf der To-do-Liste Ihrer Marketingmitarbeiter steht. Es war bloß ein Vorschlag; er wird jedoch als Auftrag verstanden. „Warum sollte er wohl Instagram erwähnen, wenn es nicht super wichtig wäre?"

Verstärkt wird dieser Effekt noch, wenn sich der Vorgesetzte selbst um den Kleinkram kümmert. Wenn der Chef in eine bestimmte Richtung schaut, sollten dann nicht alle in diese Richtung schauen? Es kann gut sein, dass der Vorgesetzte nur neugierig war oder nach einer Beschäftigung gesucht hat – bei den Mitarbeitern kommt es jedoch anders an.

Ein Vorgesetzter, der seine Mitarbeiter unwissentlich ablenkt, steht zwangsläufig irgendwann vor der Frage „Warum geht nichts voran, obwohl alle so viel arbeiten?".

Als Unternehmenslenker braucht es eine große Zurückhaltung, um die Mitarbeiter nicht ständig mit den eigenen Ideen zu beeinflussen. Jede dieser Ideen ist wie ein Kieselstein, der Wellen erzeugt, sobald er auf der Wasseroberfläche auftrifft. Wenn Sie jedoch zu viele Kiesel in den Teich werfen, ist das Gesamtbild bald so undurchsichtig wie eine Matschpfütze.

Sich dann mit einem „Das war doch nur ein Vorschlag" he-
rauszureden, glättet die Wasseroberfläche nicht mehr. Das
Einzige, was dann hilft, ist, sich als Vorgesetzter bewusst zu
machen, welches Gewicht die eigenen Worte haben.

Auch tief hängende Früchte können unerreichbar sein

Sie haben sicher schon einmal etwas Ähnliches gehört:

„Bislang hat sich noch niemand um die Akquise gekümmert, also wird die Neue doch sicher schnell und ohne viel Mühe ein paar gute Kontakte auftun."

„Wir haben noch nie eine Social-Media-Kampagne gestartet. Stellt euch nur mal vor, wie viel Traffic wir mit wenig Aufwand generieren könnten, wenn wir einfach mal lostwittern würden!"

„Bislang haben wir uns eigentlich nie um unsere Kündiger gekümmert und versucht zu verstehen, warum sie kündigen. Wenn wir sie mal befragen würden, kämen wir dabei sicher schnell zu wertvollen Erkenntnissen."

Wir haben alle schon einmal in diese Richtung gedacht: Sich nach den „low-hanging fruits" zu strecken, den tief hängenden Früchten, mit denen schnelle, leicht zu erzielende Ergebnisse gemeint sind, sollte für jedes Unternehmen ein Klacks sein – eine einfache Gelegenheit, die nur ergriffen werden muss. Großer Gewinn mit wenig Aufwand!

Wie wir mit der Zeit gelernt haben, ist die Schwierigkeit dabei allerdings folgende: Je weiter entfernt man sich von den Früchten befindet, desto näher erscheinen sie einem. Wenn Sie erst einmal auf den Baum geklettert sind, merken Sie, dass die Früchte höher hängen als gedacht! Wir gehen einfach davon aus, dass sie leicht zu pflücken sind, weil wir es bislang nie versucht haben.

Die Behauptung, bei einer unbekannten Aufgabe ließen sich mit wenig Aufwand schnell Ergebnisse erzielen, ist fast immer ein Eingeständnis, dass man eigentlich keine Ahnung hat, was da vor einem liegt. Und bei der Abschätzung des Aufwands, den man für etwas braucht, was man bislang noch nie versucht hat, wird man mit großer Wahrscheinlichkeit weit danebenliegen.

Das Schlimmste, was Sie machen können, ist, diese Erwartungen auf einen neuen Mitarbeiter zu projizieren, in der Hoffnung, dass dieser sie schnell erfüllen wird. Damit verdammen Sie ihn von vornherein zum Scheitern.

Uns erging es kürzlich so. Wir hatten zum ersten Mal jemanden eingestellt, der sich bei Basecamp um die Akquise kümmern sollte. Wir dachten, die Person macht einfach ein paar Anrufe und zieht schwupps ein paar Kooperationen an Land, und dann würden sich die Zahlen schon entsprechend entwickeln. Da wir bislang niemanden hatten, der sich um diesen Bereich kümmerte, dachten wir, dass sich direkt unter unseren Füßen ein wahrer Goldschatz verbergen müsste. Wie schwer konnte es schon sein? Wie sich herausstellte, mussten wir am Ende wesentlich tiefer graben als gedacht, um das Gold an die Oberfläche zu befördern. Mittlerweile graben wir nicht mehr.

Dasselbe ist uns passiert, als wir beschlossen, den Leuten, die sich neu bei Basecamp angemeldet hatten, ein paar Follow-up-Mails zu schicken, mit dem Ziel, mehr Testnutzer in zahlende Kunden zu verwandeln. Bis dahin hatten wir den Nutzern nach der Anmeldung eine einzige E-Mail geschickt – das war's. Also dachten wir, wenn wir mit der Zeit mehr

Mails verschickten, würde sich auch die Umwandlungsquote zügig verbessern.

Falsch gedacht. Was wie tief hängende Früchte aussah, war weder reif noch in Reichweite.

Die Vorstellung, dass die Nadel schon ausschlagen wird, nur weil man bislang nie versucht hat, sie zum Ausschlagen zu bringen, ist eine Illusion. Manchmal hat man Glück, und die Dinge sind tatsächlich so einfach, wie man es sich vorgestellt hat. Das ist allerdings selten der Fall. Meistens bedeuten Umwandlungsarbeit, Akquise und Vertrieb Schufterei – viel Aufwand für wenig Steigerung. Diese kleinen Steigerungen summieren sich zwar irgendwann zu einem deutlichen Sprung nach oben – diese Frucht hängt allerdings am alleobersten Ast.

Wenn Sie also das nächste Mal einen Mitarbeiter bitten, etwas mal schnell zu erledigen, halten Sie inne. Würdigen Sie die Aufgabe, die nie zuvor erledigt wurde, und rufen Sie sich in Erinnerung, dass auch die Aufgaben der anderen nicht so einfach sind. Ohne Fleiß kein Preis. Wenn es gerade gut läuft oder man schon lange im Geschäft ist, kann einem eine schwere Aufgabe schnell leicht vorkommen. Bedenken Sie aber: Nur weil etwas noch nie gemacht wurde, ist es nicht automatisch einfach. Meistens ist es genau das Gegenteil.

Schlafmangel ist auch keine Lösung

Schlaf ist was für Schwächlinge! A-Player brauchen nur vier bis fünf Stunden Schlaf. Große Erfolge fordern große Opfer.

Das ist Bullshit.

Die Leute, die damit angeben, *sooo* viel zu tun zu haben, und wieder die Nacht durchgearbeitet haben, können in der Regel keine echten Erfolge vorweisen. Ständig zu erzählen, wie viel man wieder geschuftet hat, ist reines Ablenkungsmanöver. Und erbärmlich ist es obendrein.

Es ist es nicht wert, seinen Schlaf für ein paar zusätzliche Stunden im Büro zu opfern. Das powert Sie nicht nur völlig aus, nein: Es macht sie auch buchstäblich dumm. Die Wissenschaft ist sich da einig: Regelmäßiger Schlafentzug schadet der Intelligenz und Kreativität. Sie sind vielleicht zu müde, das zu bemerken, aber Ihren Kollegen entgeht es nicht.

Dennoch gilt es häufig immer noch als heroisch, sich selbst, seine Gesundheit und seine Leistungsfähigkeit aufs Spiel zu setzen, um zu zeigen, dass man der MISSION treu ist. Vergessen Sie die Mission. Keine Mission (zumindest nicht im beruflichen Kontext) ist solch eine persönliche Belastung wert.

Menschen, die unter Schlafmangel leiden, fehlt es nicht nur an geistiger Leistungsfähigkeit und Kreativität, sondern auch an Geduld. An Verständnis. An Toleranz. Kleinigkeiten werden zu großen Dramen. Darunter leiden nicht nur die Kollegen im Büro, sondern auch die Familie zu Hause. Schlafmangel macht aus intelligenten Menschen Idioten.

Dieser Effekt ist bei Personen, die unmittelbar Verantwortung für andere tragen, noch um ein Vielfaches größer. Führungskräfte benötigen das Doppelte an Empathie, nicht die Hälfte. Wenn sie selbst überstrapaziert sind, wird ihr kurzer Geduldsfaden zur Baseline für das gesamte Team. Selbst ausgeglichene Zeitgenossen werden vom Sturm des Wahnsinns erfasst, wenn dieser von ihrem Vorgesetzten ausgelöst wurde.

Übrigens: Wenn der Sinn dieser vielen Überstunden darin besteht, mehr Arbeit zu schaffen, sollten Sie dann nicht, na ja, mehr Arbeit schaffen? Fragen Sie mal jemanden, der zwei Wochen mit wenig Schlaf durchgearbeitet hat, was er letzten Dienstag gemacht hat. Er weiß es sehr wahrscheinlich nicht. Und nein, „allerhand" zählt nicht als Antwort.

Ja, manchmal können Sie einen kurzen Sprint hinlegen. Oder ein paar Nachtschichten einlegen, um über den Hügel zu kommen. Aber, glauben Sie uns, das ist ein ganz schön schmaler Grat auf der Rasierklinge.

Immer wieder kann man beobachten, dass Menschen, die einmal mit Überstunden angefangen haben, auch dabei bleiben. Wir alle sind Gewohnheitsmenschen. Um diesen Kreislauf zu durchbrechen, nachdem er einmal verinnerlicht wurde, bedarf es womöglich einer längeren Auszeit, wenn nicht sogar umfangreicherer Maßnahmen. Passen Sie also auf, dass Sie erst gar nicht in dieses Hamsterrad einsteigen.

Noch besser wäre es, wenn Sie sich nicht um den Schlaf bringen. Gönnen Sie sich jede Nacht acht Stunden davon, selbst wenn Sie erst am Anfang Ihrer Karriere stehen. Diese Zeit wird nicht umsonst gewesen sein. Eine ausgiebige Nachtruhe bereichert jede Stunde, in der Sie wach sind. Ist es nicht genau das, was Sie wollen?

Vergessen Sie nicht: Unser Gehirn ist auch nachts aktiv. Dann verarbeitet es Dinge, um die wir uns tagsüber nicht kümmern können. Möchten Sie nicht auch morgens mit ein paar neuen Lösungen im Kopf aufwachen anstatt mit Ringen unter den Augen?

Ja, manche Notfälle erfordern Überstunden. Und ja, manchmal lassen sich Deadlines nicht verschieben, und man muss am Ende nochmal so richtig Gas geben. Das kommt vor. Und es ist okay, denn die damit einhergehende Erschöpfung ist nicht dauerhaft. Sie ist temporär.

Langfristig ist Arbeit nicht wichtiger als Schlaf.

Die allerwenigsten Probleme müssen in der 12. oder 15. Stunde eines Arbeitstages gelöst werden. Durchgearbeitete Nächte sind eine Warnflagge, kein grünes Licht. Wenn jemand diese Flagge hisst, sollten Sie das ernst nehmen. Fast alles kann bis zum nächsten Morgen warten.

Aus dem Gleichgewicht

In den allermeisten Unternehmen ist die sogenannte Work-Life-Balance bloß eine Farce. Nicht, weil es keine Balance geben sollte, sondern weil es am Ende immer die Arbeit zu sein scheint, die die Waagschale mit ihrem Gewicht nach unten drückt. Das Leben hebt die Waagschale dagegen immer nur. Gleichgewicht sieht anders aus.

Gleichgewicht ist ein Geben und Nehmen. In Unternehmen bedeutet dieses Geben und Nehmen üblicherweise, dass das Leben gibt und die Arbeit nimmt. Wenn es für die Arbeit einfacher ist, einen Sonntag zu beanspruchen, als es für das Leben ist, sich einen Donnerstag zu borgen, entsteht kein Gleichgewicht.

In einer Woche mit sieben Tagen, in der die Arbeit an mindestens fünf Tagen sowieso schon den Großteil unserer wachen Zeit in Anspruch nimmt, startet das Leben bereits aus der schlechteren Position. Und das ist in Ordnung – irgendwie muss man ja seinen Lebensunterhalt verdienen. Aber diese fünf Tage sind schon sehr viel.

Eigentlich ist es ganz einfach: Wenn Sie von Montag bis Freitag arbeiten, sollte das Wochenende für die Arbeit tabu sein.

Und es ist auch in Ordnung, wenn Sie mittwochs mal Zeit mit Ihren Kindern verbringen möchten. Diesen Tag müssen Sie dann nicht wieder „reinholen" – es genügt, wenn Sie verantwortungsvoll mit Ihrer Zeit umgehen und Ihr Team informieren, wann Sie nicht erreichbar sind. Am Ende gleicht sich das alles ganz gut aus.

Das Gleiche gilt für Abende unter der Woche. Wenn die Arbeit Zeit nach 17 Uhr beanspruchen kann, sollte das Leben Zeit vor 17 Uhr beanspruchen dürfen – ganz im Sinne des Gleichgewichts. Denken Sie daran: Geben und Nehmen.

Wir erwarten von vernünftigen Mitarbeitern, dass sie vernünftige Entscheidungen treffen. Dann wird sich auch das Unternehmen vernünftig verhalten. *Das* nennt man Gleichgewicht.

DIE FERNSEHPRODUZENTIN
UND DREHBUCHAUTORIN
SHONDA RHIMES VERANTWORTET
MEHRERE PRIMTIME-
SENDUNGEN UND HÄLT
SICH DABEI STRIKT AN DIE
REGEL, NACH 19 UHR UND AM
WOCHENENDE WEDER ANRUFE
ENTGEGENZUNEHMEN NOCH
E-MAILS ZU BEANTWORTEN.

Leistung statt Lebenslauf

Wenig ist in der Unternehmenspraxis so aufreibend, wie wenn man feststellt, dass man den falschen Mitarbeiter eingestellt hat. Und damit ist es noch nicht getan, denn wie geht es jetzt weiter? Sie müssen die Person entweder entlassen (was sowohl für Sie als auch für den Mitarbeiter Stress bedeutet) oder Sie nehmen das schlechte Match hin (was für Sie, die betreffende Person und Ihr Team belastend sein kann). So oder so: Der Stress ist vorprogrammiert.

Manchmal ist die Sache auch weniger offensichtlich. Dann kann jemand als Person genau richtig sein, passt jedoch nicht ins Team. Wenn jemand neu ins Team kommt oder dieses verlässt, existiert das alte Team nicht mehr. Es ist nun ein neues Team. Unabhängig vom Team verändert jede personelle Änderung die Dynamik innerhalb der Gruppe.

Es ist natürlich unmöglich, jedes Mal genau die richtige Person auszuwählen. Man kann jedoch die Chance, den richtigen Griff zu machen, erhöhen, wenn man einmal den eigenen Bewerberauswahlprozess unter die Lupe nimmt.

Wir haben das folgendermaßen gemacht:

Zunächst einmal stellen wir bei Basecamp niemanden nur wegen seines Lebenslaufs ein. Die Lebensläufe können Sie gleich mal in den Papierkorb werfen. Uns ist nicht besonders wichtig, wo ein Bewerber seine Ausbildung gemacht hat oder wie viele Jahre er bereits in der Branche tätig ist, und uns interessiert auch nicht so sehr, wer sein letzter Arbeitgeber war. Wer der Bewerber ist und was er kann, darauf kommt es an.

Die Person muss ein guter Mensch sein. Jemand, mit dem die anderen aus dem Team zusammenarbeiten *möchten*, nicht bloß jemand, den sie tolerieren. Dabei kann die Person ihren Job noch so gut machen – das zählt nicht, wenn sie ein Idiot ist. Da kann sich der Bewerber noch so sehr anstrengen.

Es geht aber noch um mehr. Wir suchen Bewerber, die interessant und zugleich anders sind als unsere bestehenden Mitarbeiter. Wir brauchen nicht fünfzig zwanzigjährige Klone in Kapuzenpullis, die alle denselben kulturellen Hintergrund haben. Unsere Arbeit ist besser, breiter und gründlicher, wenn unsere Mitarbeiter die Vielfalt unserer Kunden widerspiegeln. „Nicht genau das, was wir schon haben" ist für uns ein Qualitätsmerkmal an sich.

Wenn ein Bewerber diese Voraussetzungen erfüllt, also jemand ist, mit dem die anderen gern arbeiten möchten, und er eine neue Sichtweise ins Team einbringt, geht es darum, was er kann. Lebensläufe zeigen das nicht. Sie führen vielleicht auf, was der Bewerber bislang gemacht hat, aber wir wissen doch alle, dass Lebensläufe geschönt und meistens Bullshit sind. Und selbst wenn der Lebenslauf absolut akkurat ist: Eine Liste mit all dem, was man bislang gearbeitet hat, sagt noch nichts darüber aus, *wie* man arbeitet. Orientieren Sie sich also nicht am dem, was der Bewerber sagt, sondern daran, was er kann.

Ja, vielleicht haben Sie als Designer an der Neugestaltung von *nike.com* mitgewirkt, aber was genau war Ihre Aufgabe? Ein Lebenslauf gibt darauf keine Antwort. Und da der Großteil dessen, was Bewerber bei ihrem vorherigen Arbeitgeber gemacht haben, geheim ist, sich schwer bemessen lässt, in Teamarbeit entstanden und häufig mehrdeutig ist, geben wir den Kandidaten bei Basecamp ein echtes Projekt zur Bearbeitung, bei dem sie uns *zeigen* können, was sie draufhaben.

Wenn wir beispielsweise einen neuen Designer suchen, engagieren wir alle Finalisten für eine Woche, zahlen ihnen 1.500 US-Dollar und bitten sie, ein Probeprojekt durchzuführen. So können wir am Ende etwas bewerten, das aktuell und echt ist und die individuelle Leistung des jeweiligen Bewerbers widerspiegelt.

Wir geben unseren Bewerbern keine Rätsel auf, wir lassen sie keine Aufgaben an der Tafel vorrechnen und wir setzen sie keinen Schnell-Fragerunden zu fiktiven Szenarien aus. Denn im Büroalltag lösen wir keine Rätsel, wir leisten echte Arbeit. Also geben wir unseren Bewerbern echte Arbeit und ausreichend Zeit, diese zu erledigen. Es ist die gleiche Arbeit, die sie erledigen würden, wenn sie den Job bekämen.

Die Idee dahinter: Indem wir den Blick auf die Person und ihre Arbeit richten, entgehen wir der Gefahr, einen ideellen Mitarbeiter einzustellen. Denn wie häufig glaubt man der sorgfältig ausgearbeiteten Geschichte des Bewerbers: umfangreiche Erfahrung, tolle Ausbildung, beeindruckende Liste früherer Arbeitgeber. Was sollte man daran nicht toll finden? Aber genau so kommt es, dass Unternehmen häufig die falschen Mitarbeiter auswählen. Sie stellen jemanden auf Basis seiner bisherigen Qualifikationen ein, nicht auf Basis seiner derzeitigen Fähigkeiten.

Wenn Sie sich auf die Person und ihre Leistung konzentrieren anstatt auf ihre schöngefärbte Vergangenheit, geben Sie am Ende auch mehr Leuten eine Chance. Kein Notendurchschnitts-Filter, der diejenigen aussortiert, denen bestimmte Phasen ihrer Ausbildung vielleicht nicht so wichtig waren. Kein Werdegangs-Screening, das die Autodidakten automatisch aussondert. Keine willkürlich gesetzte Schwelle, die mindestens x Jahre Berufserfahrung fordert und es dadurch Menschen, die über wenig Berufspraxis, dafür aber über eine schnelle Auffassungsgabe verfügen, unmöglich macht, sich auf leitende Positionen zu bewerben.

Herausragende Personen, die herausragende Arbeit leisten wollen, finden sich an den ungewöhnlichsten Orten, und sie sind selten so, wie man es erwartet. Nur wenn Sie wirklich die Person und ihre Arbeit in den Blick nehmen, werden Sie diese Leute finden.

Niemand kann sofort loslegen

„Wir suchen jemanden, der sofort loslegen kann" – auf diese Haltung trifft man häufig, wenn Unternehmen Leitungspositionen ausschreiben. Dem liegt die instinktive Annahme zugrunde, dass jemand, der in seiner früheren Position zum Beispiel bereits als leitender Programmierer oder Designer tätig war, diese Rolle auch in jedem anderen Unternehmen sofort ausfüllen kann und unmittelbar Ergebnisse liefert. Das ist jedoch nicht der Fall. Dazu unterscheiden sich Unternehmen zu stark. Die Fähigkeiten und Erfahrungen, die man in dem einen Job braucht, um direkt loslegen zu können, sind in einem anderen Job ganz andere.

Nehmen wir zum Beispiel das Thema Führung. Die Organisationsstruktur bei Basecamp verzichtet im Großen und Ganzen auf Vorgesetzte. Unsere Mitarbeiter sind in der Regel selbst dafür verantwortlich, ihre kurz- und mittelfristige Entwicklung festzulegen. Anweisungen gibt es nur von ganz oben.

Das kann ein ungewohnter Rahmen sein für jemanden, der direkte und tägliche Anweisungen gewohnt ist. Je mehr jemand an gelenktes Arbeiten gewöhnt ist, desto mehr muss er verlernen. Dieses Verlernen kann genauso schwierig sein wie das Aneignen neuer Fähigkeiten – manchmal sogar schwieriger.

Das Gleiche gilt für Führungskräfte, die es gewohnt sind, ihre Arbeit zu erledigen, indem sie diese an andere delegieren. Bei Basecamp machen alle die Arbeit, weshalb man seinen Einfluss am besten dadurch geltend macht, dass man die Arbeit leistet, statt sie einzufordern.

Diese Gefahren werden noch verstärkt, wenn eine Führungskraft aus einem großen Unternehmen in eine ähnliche Position in einem kleinen Unternehmen wechselt oder umgekehrt. Als Angehöriger eines kleinen Unternehmens denkt man dann schnell, man könne von den Erfahrungen aus dem großen Unternehmen besonders profitieren, um zu wachsen. Einem Kleinen beizubringen, wie ein Großer zu agieren, hilft allen Beteiligten meist jedoch wenig. In der Regel fährt man besser damit, eine Person zu finden, die die Herausforderungen eines Unternehmens kennt, das etwa dieselbe Größe hat wie das eigene.

Wenn Sie jemanden nicht direkt aus einer identischen Position in einem ähnlichen Unternehmen holen, ist es sehr unwahrscheinlich, dass diese Person direkt loslegen kann und sofort liefert. Das heißt nicht, dass eine Person mit Führungserfahrung nicht am besten für eine bestimmte Stelle geeignet ist. Die Entscheidung sollte nur nicht auf der falschen Annahme beruhen, dass diese Person sofort Erfolge erzielt.

Unrealistische Erwartungen führen zwangsläufig zu Enttäuschung.

Beteiligen Sie sich nicht am Talente-Krieg

Sich um Talente zu streiten, ist die Sache nicht wert. Talent ist keine fixe, knappe Ressource, die man hat oder nicht hat. Es lässt sich auch nur schwer verpflanzen. Ein Mitarbeiter, der in einem Unternehmen ein Superstar war, kann unter Umständen im nächsten Unternehmen total ineffektiv sein. Treten Sie also nicht in einen Wettstreit um Talente ein.

Überhaupt ist diese ganze Metapher des Talente-Kriegs völlig überflüssig. Verabschieden Sie sich von der Vorstellung, dass Talent erbeutet werden kann, und sehen Sie es stattdessen als etwas, das gesät und gepflegt werden muss – die Samen, die überall auf der Welt erhältlich sind, zumindest für die Unternehmen, die bereit sind, sich die Mühe zu machen.

Bei dieser Mühe kommt es sowieso am meisten auf die Umgebung an. Auch die allerschönste Orchidee im Garten geht ein, wenn sie nicht richtig gepflegt wird. Wenn Sie sich also um eine optimale Umgebung bemühen, können Sie mit etwas Geduld Ihre eigenen Orchideen züchten und müssen diese nicht vom Nachbarn stibitzen!

Bei Basecamp werden Sie keine hochkarätigen Superstars antreffen, die wir von anderen Unternehmen abgeworben haben. Wen Sie aber antreffen, sind viele talentierte Leute, von denen die meisten bereits mehrere Jahre im Unternehmen sind – manche sogar über zehn Jahre.

Die Mehrheit unserer Mitarbeiter kommt nicht aus den klassischen „Talente-Kriegsgebieten" unserer Branche wie San

Francisco oder der Bay Area und dem Silicon Valley – noch nicht einmal aus Seattle oder New York. Nicht weil es dort keine guten Leute gibt, sondern weil es überall gute Leute gibt.

So haben wir zum Beispiel in Oklahoma einen tollen Designer gefunden, der für eine Zeitung arbeitete. In einem ländlichen Vorort von Toronto sind wir auf einen fantastischen Programmierer gestoßen, der für eine kleine Webdesign-Agentur tätig war. Und in Tennessee haben wir einen hervorragenden Kundendienstmitarbeiter entdeckt, der sein Geld in einem Feinkostgeschäft verdiente. Uns sind nicht nur Herkunft und Wohnort egal; wir legen auch keinen Wert auf eine formale Ausbildung. Für uns zählt die tatsächliche Arbeit, die jemand leistet, nicht Abschlüsse oder Titel.

Wir haben festgestellt, dass es weit beglückender ist, unerschlossenes Potenzial zu fördern, als jemanden zu suchen, der bereits alles erreicht hat. Viele unserer besten Leute haben wir nicht aufgrund dessen eingestellt, wer sie waren, sondern wer sie werden konnten.

Es braucht Geduld, um die eigenen Talente zu fördern und zu pflegen. Aber die Mühe, die man dort hineinsteckt – das Beackern des Bodens einer entspannten Arbeitskultur –, macht das Unternehmen insgesamt für alle Mitarbeiter zu einem besseren Ort. Krempeln Sie also die Ärmel hoch, und los geht's.

Schaffen Sie Gehalts-
verhandlungen ab

Um ein angemessenes Gehalt zu bekommen, genügt es in den meisten Unternehmen nicht, seinen Job richtig gut zu machen. Man muss auch erstklassig verhandeln können. Die meisten Menschen können das jedoch nicht und bleiben auf der Strecke. Manchmal verdienen sie sogar weniger als jüngere Kollegen, die erst vor Kurzem eingestellt wurden.

Tatsache ist: Die meisten Menschen feilschen nicht gern – Punkt. Weder um ein Auto, noch um ein Haus, noch um ihren Lebensunterhalt. Es ist einfach eine unangenehme Situation, und selbst wenn sie gut im Feilschen sind, bleibt am Ende doch häufig die unterschwellige Angst, dass man vielleicht noch mehr hätte rausschlagen können. (Dieses Gefühl hat man besonders dann, wenn der eigene Gehaltsvorschlag schnell akzeptiert wird!)

Warum unterziehen Unternehmen ihre Mitarbeiter also jedes Jahr solch einem albernen Prozess?

Zugegeben, wir haben das auch jahrelang getan. Es scheint einfach eines dieser unumstößlichen Gesetze der Arbeitswelt zu sein. Das ist es jedoch nicht. Vor einigen Jahren haben wir deshalb eine Kehrtwende vollzogen und beschlossen, auf den ganzen Stress im Zusammenhang mit dem jährlichen Ritual der Gehaltsverhandlungen zu verzichten.

Bei Basecamp verhandeln wir Gehälter und Gehaltserhöhungen nicht mehr. Alle Mitarbeiter auf derselben Position und

Ebene bekommen gleich viel Geld. Gleiche Arbeit, gleiches Gehalt.

Neue Mitarbeiter ordnen wir auf einer Skala ein – von Junior-Programmierer über Programmierer, Senior-Programmierer, leitender Programmierer zu Leiter der Entwicklungsabteilung (oder Designer oder Kundendienstmitarbeiter oder Operations-Manager oder welche Stelle auch immer wir gerade ausgeschrieben haben). Diese Skala kommt auch zur Anwendung, wenn jemand vor einer Beförderung steht. Jeder einzelne Mitarbeiter, alt und neu, lässt sich einer Stufe auf dieser Skala zuordnen, und für jede Stufe gibt es im jeweiligen Tätigkeitsbereich ein feststehendes Gehalt.

Jedes Jahr überprüfen wir, was aktuell das marktübliche Gehalt ist, und nehmen entsprechende Gehaltsanpassungen vor. Unser Ziel ist es, allen Mitarbeitern unabhängig von ihrer Position ein Gehalt zu zahlen, das sich innerhalb der oberen zehn Prozent der am Markt üblichen Gehälter für die jeweilige Position bewegt. Ganz gleich also, ob Sie im Kundenservice, im Operations-Management, in der Software-Entwicklung oder im Designbereich arbeiten – Sie erhalten von uns ein Gehalt, das den oberen zehn Prozent der Gehälter für die jeweilige Stelle entspricht.

Wenn jemand unter diesem Zielwert liegt, erhöhen wir sein Gehalt so, dass es nun das Ziel erfüllt. Wenn jemand bereits über dem Zielwert liegt, ändert sich nichts. (Wir kürzen die Gehälter bestehender Mitarbeiter nicht, nur weil das marktübliche Gehalt für die jeweilige Position gesunken ist.) Wer befördert wird, erhält eine Gehaltserhöhung, die dem marktüblichen Gehalt für die neue Position entspricht.

Informationen über marktübliche Gehälter beziehen wir von verschiedenen Anbietern, die Gehaltsübersichten erstellen. Sie befragen eine große Bandbreite an Unternehmen in unserer Branche (von den Big Playern bis zu Unternehmen, die in etwa so groß sind wie Basecamp). Perfekt ist dieses System nicht, weshalb wir die Daten regelmäßig anhand anderer Quellen gegenchecken, aber es ist sicherlich besser, als sich auf ein „Ich habe gehört, dass Unternehmen XY Gehalt Z zahlt ..." zu verlassen.

Die marktüblichen Gehälter, die wir zugrunde legen, entsprechen den in San Francisco gezahlten Gehältern, auch wenn wir keinen einzigen Mitarbeiter in dieser Stadt haben. San Francisco ist einfach die Stadt, in der die höchsten Gehälter in unserer Branche gezahlt werden. Egal, wo unsere Mitarbeiter also leben – wir zahlen ihnen jeweils das gleiche Spitzengehalt. Denn der Wohnort sagt nichts über die Qualität der Arbeit aus – und wir bezahlen unsere Mitarbeiter für ihre Arbeit. Diese hängt schließlich nicht davon ab, ob jemand in Boston, Barcelona oder Bangladesch lebt.

Diese extrem hohen San-Francisco-Gehälter haben wir allerdings nicht von Anfang an gezahlt. Eine Zeit lang haben wir ein ähnliches Modell wie oben verwendet, Grundlage bildeten allerdings die in Chicago üblichen Gehälter. Es geht jedoch weniger um die Frage, ob Sie es sich leisten können, Gehälter zu zahlen, die den Gehältern in der Top-City Ihrer Branche entsprechen oder den oberen zehn Prozent des Marktes. Wichtig ist, dass Sie gleiches Geld für gleiche Arbeit und Hierarchiestufe zahlen.

Dadurch können alle Mitarbeiter bei Basecamp frei entscheiden, wo sie leben möchten, und niemand wird bestraft, wenn er in eine Gegend zieht, in der die Lebenshaltungskosten niedriger sind. Wir fördern Remote Work, und viele unserer Mitarbeiter sind über den gesamten Erdball verstreut.

Auch klassische Boni gibt es bei Basecamp nicht, weshalb wir uns bei der Festsetzung unserer Gehälter an den Gehältern anderer Unternehmen plus deren Bonuspaketen orientieren. (Vor vielen Jahren haben wir einmal mit Boni gearbeitet, jedoch festgestellt, dass diese bei den Mitarbeitern schnell als selbstverständlicher Teil des Gehalts vorausgesetzt wurden, was dazu führte, dass sich die Mitarbeiter herabgestuft fühlten, sobald die Boni einmal niedriger ausfielen.)

Aktienoptionen gibt es bei Basecamp ebenso wenig, da wir nicht vorhaben, das Unternehmen irgendwann einmal zu verkaufen. Wenn Sie einmal für eine Firma gearbeitet haben, bei denen Aktienoptionen einen deutlichen Teil der Vergütung ausmachen, wissen Sie, welchen Stress Marktschwankungen verursachen können. Das ist dem Ziel einer entspannten Arbeitskultur nicht gerade zuträglich.

Stattdessen machen wir Folgendes: Wir haben uns dazu verpflichtet, fünf Prozent der Erlöse an unsere Mitarbeiter auszuzahlen, sollten wir das Unternehmen doch einmal verkaufen. So müssen wir uns an keinen Aktienkurs halten und uns keine Gedanken über die Unternehmensbewertung machen. Falls es zum Verkauf kommt, teilen wir. Falls nicht, muss man sich nicht unnötig Gedanken machen. Es ist eine angenehme Überraschung, keine Form der Vergütung.

Zudem haben wir kürzlich ein neues System zur Beteiligung am Gewinnwachstum eingeführt. Wenn der Gesamtgewinn gegenüber dem Vorjahr gestiegen ist, geben wir im laufenden Geschäftsjahr 25 Prozent dieses Wachstums an unsere Mitarbeiter weiter. Dies ist weder an die Position geknüpft, noch von der individuellen Performance abhängig, und angesichts der Tatsache, dass wir keine Vertriebsmitarbeiter haben, stellt es auch keine Provision dar. Entweder werden alle beteiligt, oder keiner bekommt etwas.

Es gibt mit Sicherheit Unternehmen, bei denen die Leute mehr verdienen können als bei Basecamp, besonders wenn sie großes Verhandlungsgeschick besitzen und ihren Arbeitgeber überzeugen können, ihnen für die gleiche Arbeit mehr zu zahlen als den Kollegen.

Auch gibt es viele Firmen, die ihren Mitarbeitern „Lottoscheine" (also Aktienoptionen) anbieten, die diese über Nacht zu Millionären machen könnten, vorausgesetzt sie investieren in ein Start-up, das am Ende allen Unkenrufen zum Trotz das nächste Google oder Facebook wird.

Basecamp ist aber kein Start-up. Wir sind seit 2004 als Softwarefirma tätig und ein stabiles, nachhaltiges, profitables Unternehmen.

Kein Vergütungssystem ist perfekt, aber in dem oben erwähnten Modell ist zumindest niemand dazu gezwungen, seinen Job zu wechseln, nur um ein höheres Gehalt zu erhalten, das dem eigenen Marktwert entspricht. Das zeigt sich darin, dass viele unserer Mitarbeiter bereits recht lange bei uns sind und nicht an einen Wechsel denken. Zum Zeitpunkt der Veröffentlichung dieses Buches sind etwas über die Hälfte unserer Mitarbeiter seit fünf oder mehr Jahren bei Basecamp beschäftigt. Das ist viel in einer Branche, in der die durchschnittliche Betriebszugehörigkeit bei den Tech-Giganten weniger als zwei Jahre beträgt.

Das Gehalt ist natürlich nicht der einzige Grund, aus dem jemand das Unternehmen verlassen könnte. Mitarbeiter haben uns aus den unterschiedlichsten Gründen den Rücken gekehrt, zum Beispiel weil sie der Lotterie im Silicon Valley eine Chance geben oder etwas ganz anderes machen wollten. Das ist ganz normal. Eine gewisse Fluktuation ist gut – das Gehalt sollte dabei allerdings nicht der Hauptfaktor sein.

Die Personalbeschaffung und -entwicklung ist nicht nur teuer, sondern auch kräftezehrend. Die ganze Energie könnte man auch in die Entwicklung besserer Produkte stecken. Produkte, die von Leuten entworfen werden, die seit vielen Jahren zufrieden ihre Arbeit machen, weil man ihnen in Bezug auf Gehalt und Zusatzleistungen mit Transparenz und Fairness begegnet. Ein ständiges Kommen und Gehen der Mitarbeiter hinzunehmen, das entsteht, weil man versucht, die Gehälter derjenigen, die bleiben, zu begrenzen, erscheint uns als wenig sinnvolle Praxis.

Mit einer stabilen Mannschaft zu arbeiten, ist eine Quelle der Zufriedenheit und Produktivität. Für uns ist das der zentrale Faktor, warum wir bei Basecamp in der Lage sind, mit so wenig Aufwand so viel zu erreichen. Uns überrascht immer wieder, dass andere Unternehmen diesen Wettbewerbsvorteil nicht konsequenter verfolgen.

YVON CHOUINARD, GRÜNDER DES
US-AMERIKANISCHEN OUTDOOR-
UNTERNEHMENS PATAGONIA,
VERBRINGT EINEN TEIL DES
JAHRES IN WYOMING, WO MAN
IHN BEIM WANDERN UND
FLIEGENFISCHEN ANTRIFFT.
IM BÜRO MELDET ER SICH NUR
ZWEIMAL IN DER WOCHE.

Vergünstigungen für wen?

Sicher haben Sie schon gehört, dass manche Unternehmen ihren Mitarbeitern Extras wie Videospiel-Stationen, Müsli-Snackbars, Mittag- und Abendessen auf höchstem kulinarischen Niveau, Räume für den Mittagsschlaf, einen Wäscheservice und freitags Freibier bieten. Das wirkt äußerst großzügig, hat aber einen Haken: Die Mitarbeiter verlassen das Büro nicht mehr.

Diese modischen Extras lassen die Grenzen zwischen Arbeit und Freizeit derart verschwimmen, dass praktisch nur noch die Arbeit übrigbleibt. Aus diesem Blickwinkel betrachtet, erscheint das Ganze gar nicht mehr so großzügig, sondern regelrecht perfide.

Nehmen wir zum Beispiel das kostenlose Abendessen für alle, die länger im Büro bleiben. Inwiefern ist Längerbleiben ein Vorzug? Oder das kostenlose Mittagessen, das am Ende immer die Mittagspause beschneidet und die Mitarbeiter auf dem Betriebsgelände hält, statt dass sie mal rauskommen. Auch wenn man etwas umsonst kriegt, kriegt man nichts umsonst.

Es besteht ein merkwürdiger Zusammenhang zwischen den Unternehmen, die ihren Mitarbeitern solche Vergünstigungen bieten, und den Unternehmen, die immerzu predigen, dass noch mehr geleistet werden müsse. Abendessen, Mittagessen, Spielstationen, Partynächte – all dies findet man vor allem in Unternehmen, in denen sechzig Stunden pro

Woche die Norm sind, nicht vierzig. Klingt irgendwie eher nach Bestechung als nach Vergünstigung, oder?

Bei Basecamp gibt es das alles nicht. Nicht nur, weil bei uns niemand physisch ins Büro kommen muss, um seine Arbeit zu erledigen, sondern weil wir unseren Mitarbeitern keine trügerischen Extras bieten. Es gibt keine Mission, die Mitarbeiter solange wie möglich im Büro zu halten. Unser Ziel ist es nicht, das Maximale aus den Leuten rauszuholen. Wir verlangen nur, was machbar ist. Dazu braucht es den nötigen Ausgleich.

Mitarbeiterleistungen betrachten wir deshalb als eine Möglichkeit, unsere Leute dabei zu unterstützen, zeitig aus dem Büro zu kommen und ein gesünderes, interessanteres Leben zu führen. Leistungen, die tatsächlich *ihnen* zugutekommen, nicht der Firma. Obwohl natürlich auch die Firma von gesünderen, erfüllteren und ausgeruhten Mitarbeitern profitiert.

Im Folgenden eine Liste einiger Extras „außerhalb des Büros", die wir unseren Mitarbeitern unabhängig von Position und Gehalt bieten:

* Vollbezahlter Urlaub für alle, die seit mehr als einem Jahr für Basecamp arbeiten: Dabei bezahlen wir nicht nur die Urlaubstage an sich, sondern übernehmen auch die Kosten für die gesamte Reise – Flug und Übernachtung – bis zu einer Höhe von 5.000 US-Dollar pro Person oder Familie.
* Drei Tage Wochenende während der Sommermonate: Von Mai bis September arbeiten wir nur 32 Stunden pro Woche. Dadurch kann jeder den Freitag oder den Montag freinehmen, um drei Tage Wochenende zu genießen, und zwar jedes Wochenende, den ganzen Sommer über.
* Ein bezahlter Sabbat-Monat alle drei Jahre: In dieser Zeit können die Mitarbeiter zu Hause faulenzen, etwas Neues

ausprobieren oder den Himalaya besteigen – ganz wonach ihnen der Sinn steht.

- 1.000 US-Dollar Weiterbildungsprämie pro Jahr: Hierbei geht es nicht darum, sich in einem arbeitsrelevanten Bereich weiterzubilden, sondern gerade in einem Thema, das nichts mit der Arbeit zu tun hat. Sie wollten schon immer mal Banjo-Spielen lernen? Bitte sehr! Oder einen Kochkurs machen? Geht auf uns! All diese Dinge haben nichts mit der Arbeit bei Basecamp zu tun. Unser Ziel ist es, die Leute zu ermutigen, etwas zu tun, was sie schon immer mal tun wollten, wozu ihnen bislang jedoch der Mut, die Motivation oder das Geld fehlte.
- 2.000 US-Dollar Spendenausgleich pro Jahr: Wer einer Wohltätigkeitsorganisation seiner Wahl bis zu 2.000 US-Dollar spendet, bekommt den gespendeten Betrag von uns zurückerstattet.
- Beteiligung an einer lokalen landwirtschaftlichen Versorgungsgemeinschaft, also frisches Obst und Gemüse für die Mitarbeiter und ihre Familien direkt auf den heimischen Küchentisch.
- Jeden Monat eine Massage in einem Spa, nicht im Büro.
- Ein monatlicher Zuschuss von 100 US-Dollar für Fitnessstudio, Yogakurse, Laufschuhe, die Teilnahme an einem Wettkampf oder sonstige regelmäßige sportlich-gesundheitliche Betätigungen.

Keine dieser Leistungen hat zum Ziel, die Mitarbeiter ans Büro zu fesseln. Keine führt dazu, dass die Leute lieber im Büro sind als zu Hause. Und keine stellt die Arbeit über das Leben. Stattdessen liefern diese Extras den Mitarbeitern gute Gründe, ihre Laptops zu einer vernünftigen Zeit zuzuklappen, sodass sie noch genügend Zeit haben zum Lernen, zum Kochen, für sportliche Aktivitäten sowie für Familie und Freunde.

Bibliotheksregeln

Wer auch immer dafür verantwortlich ist, dass das klassische Großraumbüro – mit all dem Lärm, der mangelnden Privatsphäre und den daraus resultierenden Ablenkungen – heute als hip und modern gilt, dem sollte das „Komitee für lästige Störungen am Arbeitsplatz" eine Medaille verleihen. Solche Büros dienen nur einem einzigen Zweck: so viele Menschen wie möglich in einem Raum zusammenzupferchen, auf Kosten des Einzelnen.

Ungestörtes, kreatives Arbeiten ist in solch einer Umgebung nicht möglich. Genau das bräuchten die Mitarbeiter aber, um in Ruhe und mit dem nötigen Freiraum nachdenken und bestmögliche Arbeit leisten zu können.

Das Problem wird noch verstärkt, wenn Sie Menschen zusammen in einen Raum setzen, die ganz unterschiedliche Rahmenbedingungen brauchen. Wenn Sie Vertriebs- oder Kundendienstmitarbeiter, die am Telefon laut und vergnügt auftreten müssen, mit Leuten zusammensetzen, die lange Phasen der Ruhe benötigen, verhindern Sie nicht nur deren Produktivität. Sie schüren auch Ressentiments.

In solchen Räumen verbreiten sich Störungen wie ein Virus. Bevor Sie überhaupt A sagen können, sind alle infiziert.

Einzelbüros können da eine sinnvolle Alternative darstellen. Wenn Sie jedoch nicht jedem Mitarbeiter ein Einzelbüro geben, kann schnell Unzufriedenheit entstehen. Es gibt jedoch eine gute Nachricht: Sie müssen sich nicht per se vom Großraumbüro verabschieden, sondern nur vom klassischen Mindset des Großraumbüros.

So haben wir es in unserem Büro in Chicago gehandhabt. Dieses ist für uns kein Büro, sondern eine Bibliothek. Tatsächlich heißt unser Leitprinzip „Bibliotheksregeln".

Egal, wo auf der Welt Sie eine Bibliothek betreten, eines fällt sofort auf: diese *Ruhe*! In einer Bibliothek weiß jeder, wie er sich zu verhalten hat. Tatsächlich gibt es wenige Dinge, die sich kulturübergreifend so ähneln wie das Verhalten von Menschen in einer Bibliothek. Die Leute gehen dorthin, um zu lesen, nachzudenken, zu lernen und zu arbeiten. Genau das spiegelt die leise, respektvolle Atmosphäre wider.

Sollte es im Büro nicht genauso sein?

Wer uns zum ersten Mal in unserem Büro besucht, ist überrascht von der Ruhe und Gelassenheit, die dort herrschen. Es sieht nicht aus wie in einem typischen Büro, es klingt nicht wie in einem typischen Büro, und niemand verhält sich wie in einem typischen Büro. Das liegt daran, dass es in Wirklichkeit eine Bibliothek zum Arbeiten ist, kein Büro zum Sich-Ablenken-Lassen.

Wenn bei uns jemand am Schreibtisch sitzt, gehen wir davon aus, dass er gerade tief in Gedanken ist und konzentriert arbeitet. Also spricht niemand diese Person an und unterbricht sie. Darüber hinaus bemühen wir uns dann, nur im Flüsterton miteinander zu reden, um die Mitarbeiter, die in Hörweite sitzen, nicht zu stören. Ruhe heißt die Devise.

Um der Tatsache Rechnung zu tragen, dass man ab und zu doch mal in normaler Lautstärke miteinander kommunizieren muss, haben wir in der Mitte des Büros eine Handvoll kleinerer Räume eingerichtet, die die Mitarbeiter nutzen können, wenn sie gemeinsam an etwas arbeiten müssen (oder einen privaten Anruf tätigen möchten).

Ein paar einfache Entscheidungen, eine Verschiebung des Mindsets sowie Respekt für die Zeit, Aufmerksamkeit, Konzentration und Arbeit des anderen – und schon haben Sie alles, was Sie brauchen, um unsere Bibliotheksregeln zu Ihren zu machen. Menschen halten sich bereits intuitiv an diese Regeln – sie müssen sie nur noch im Büro einüben.

Noch skeptisch? Dann machen Sie doch jeden ersten Donnerstag im Monat zum Tag der Bibliothekregeln. Wetten, dass Ihre Mitarbeiter bald mehr davon wollen?

Keine Fake-Ferien

Wenn unsere Mitarbeiter Urlaub haben, sollte es sich für alle so anfühlen, als würden sie gar nicht mehr bei Basecamp arbeiten. Wir ermuntern sie, dann völlig „abzuschalten": sich auf ihrem Computer bei Basecamp auszuloggen, die Basecamp-App von ihrem Smartphone zu löschen und das Büro ganz zu vergessen. Wirklich Urlaub machen. Weg sein. Nicht mehr erreichbar.

Sinn und Zweck eines Urlaubs ist es schließlich, komplett wegzukommen. Es geht nicht bloß darum, irgendwo anders zu sein, sondern auch darum, an etwas anderes zu denken. Die Arbeit sollte einen in dieser Zeit nicht beschäftigen. Punkt.

Die Realität sieht allerdings anders aus: Viele Unternehmen gewähren ihren Mitarbeitern gar keinen echten Urlaub. Was sie bieten, sind Fake-Ferien, in denen sich die Mitarbeiter am Ende doch in Videokonferenzen wiederfinden, „nur mal eben" ans Telefon gebeten werden und doch bitteschön jederzeit für eventuelle Fragen zur Verfügung stehen.

Arbeiten Sie Vollzeit? Wann konnten Sie das letzte Mal komplett abschalten – nicht nur für eine Woche, sondern für mehrere Wochen? Und haben in dieser Zeit nichts von Ihren Kollegen gehört? Sich nicht schuldig gefühlt oder nicht das Bedürfnis verspürt, sich im Büro zu melden und zu sehen, wie es so läuft? Viel zu wenige Menschen, besonders in den USA, können das von sich behaupten. Das ist tragisch.

Bei Fake-Ferien werden Mitarbeiter an einer Leine gehalten, sodass man sie jederzeit zurück ins Büro ziehen kann. Freie

Zeit ist nicht viel wert, wenn sie einem direkt wieder genommen werden kann. Sie gleicht dann eher einem faulen Kredit mit äußerst schlechten Konditionen, hohen Zinsen und allerlei Sorgen obendrauf. Lassen Sie bloß die Finger davon.

Die Abende, Wochenenden und Urlaubstage der Mitarbeiter gehören nicht dem Arbeitgeber. Sie sind Freizeit. Echte Notfälle stellen eine Ausnahme dar; sie sollten allerdings höchstens ein- bis zweimal im Jahr vorkommen.

Unternehmen, die so tun, als gehöre ihnen die gesamte Zeit ihrer Mitarbeiter, fördern eine Kultur der neurotischen Erschöpfung. Jeder von uns muss ab und zu die Möglichkeit haben, wirklich abzuschalten und aufzutanken. Wenn man Mitarbeitern diese Chance verwehrt, vor allem während eines Urlaubs, den man zuvor genehmigt hat, kommen die Leute müde und verärgert zurück.

Und versuchen Sie nicht, Fake-Ferien dadurch zu rechtfertigen, dass Sie sagen „Ihr könnt doch so viel Urlaub nehmen, wie ihr wollt!". In unserer Branche ist es mittlerweile normal, seinen Mitarbeitern „unbegrenzte Urlaubstage" zu gewähren. Das ist jedoch Etikettenschwindel und eine ziemlich hinterhältige Praxis noch dazu.

Unbegrenzte Urlaubstage stellen eine belastende Mitarbeitervergünstigung dar, denn sie sind in Wirklichkeit nicht unbegrenzt. Kann jemand wirklich fünf Monate freinehmen? Nein. Drei? Nein. Zwei? Einen? Vielleicht. Sprechen wir von Wochen oder Monaten? Wer weiß das schon so genau. Unklarheit führt zu Unsicherheit.

Dies mussten wir schmerzlich erfahren, als wir unseren Mitarbeitern freistellten, so viele Urlaubstage zu nehmen, wie sie wollten. Das Ergebnis: Sie nahmen sich weniger Tage frei, als ihnen im Normalfall zugestanden hätten. Damit erreichten wir genau das Gegenteil dessen, was wir beabsichtigt hatten.

Niemand will als Faulenzer gelten. Oder ein auf den ersten Blick großzügiges Angebot zu sehr ausreizen. Also bleiben die Mitarbeiter lieber auf der sicheren Seite und geben sich mit deutlich weniger Urlaub zufrieden. Dabei orientieren sie sich an dem Teammitglied, das sowieso bereits die wenigsten Urlaubstage von allen nimmt.

Unsere offizielle Urlaubsregelung lautet deshalb mittlerweile: „Basecamp bietet seinen Mitarbeitern pro Jahr drei Wochen bezahlten Urlaub, plus einige individuelle Tage, die Sie nach eigenem Ermessen nehmen können, zuzüglich der offiziellen Feiertage. Das ist lediglich eine Richtschnur; wer ein paar Tage mehr braucht, bekommt diese. Wir erfassen die Urlaubstage unserer Mitarbeiter nicht – bei uns gilt Vertrauensarbeitszeit. Sprechen Sie sich bei einer längeren Abwesenheit aber bitte stets mit Ihrem Team ab, damit dieses sich nicht im Stich gelassen fühlt."

Drei Wochen sind eine klare Ansage, gleichzeitig besteht individueller Spielraum für diejenigen, die ein paar Tage mehr benötigen. Bedenken Sie aber immer, was das konkret bedeutet, informieren Sie Ihr Team, klinken Sie sich anschließend komplett aus – und genießen Sie Ihren Urlaub. Die Welt wird sich auch ohne Sie weiterdrehen.

Entspannte Verabschiedungen

Auch wenn es für alle Beteiligten keine schöne Situation ist, jemanden zu entlassen, gehört dies doch zum Arbeitsleben dazu. Und der Moment vergeht. Was bleibt, sind die vielen hervorragenden Leute, die nach wie vor im Unternehmen arbeiten. Sie werden neugierig sein, was mit ihrem Kollegen geschehen ist: Warum arbeitet er nicht mehr hier? Wen trifft es als Nächsten? Vielleicht mich?

In vielen Unternehmen erhält man auf die Frage „Was ist mit Ben passiert?" nur vage Euphemismen als Antwort, etwa „Oh, Ben? Über Ben sprechen wir hier nicht mehr. Es war einfach Zeit für ihn, zu gehen."

Schluss damit! Wenn Sie Ihren Mitarbeitern nicht klar kommunizieren, warum jemand gehen musste, reimen sie sich ihre eigenen Erklärungen zusammen. Und diese sind mit großer Wahrscheinlichkeit um einiges schlimmer als die wahren Gründe.

Eine Entlassung schafft ein Vakuum. Wenn Sie dieses nicht mit Fakten füllen, entstehen schnell Gerüchte, Mutmaßungen, Unruhe und Ängste. Um dies zu vermeiden, müssen Sie klar und ehrlich kommunizieren, was passiert ist, auch wenn es schwerfällt. Bei Basecamp wird deshalb immer eine Verabschiedungsmail an alle herumgeschickt.

Diese Nachricht verfasst entweder die Person, die das Unternehmen verlässt, oder der jeweilige Vorgesetzte. Die Mitarbeiter haben die Wahl (die meisten, die Basecamp verlassen haben, haben die Nachricht selbst geschrieben). So oder so – einer muss es tun.

Bis zum Ende des Arbeitstages hat die betroffene Person dann Gelegenheit, die Reaktionen der restlichen Mitarbeiter zu lesen. Dabei werden häufig Fotos, Erinnerungen und Geschichten ausgetauscht. Verabschiedungen sind immer schwer, aber sie müssen nicht förmlich oder kühl sein. Wir wissen doch alle, dass sich Dinge und Umstände ändern und es auch mal schlecht laufen kann.

Übrigens: Wenn die Person, die das Unternehmen verlässt, keine Einzelheiten zu den Gründen preisgibt, schreibt der zuständige Vorgesetzte in der Folgewoche eine Follow-up-Nachricht und ergänzt die fehlenden Informationen. Mitarbeiter, die das Unternehmen verlassen, weil sie einen neuen Job gefunden haben, teilen dies in der Regel offen mit. Wenn es sich dagegen um eine Entlassung handelt, müssen häufig wir die Dinge erklären, wenn die betroffene Person nicht mehr da ist. Denn es ist wichtig, dass die Gründe bekannt sind und Fragen nicht unbeantwortet im Raum stehen.

So lassen sich auch Verabschiedungen entspannt gestalten.

CHARLES DICKENS HIELT SICH BEIM SCHREIBEN AN EINEN STRIKTEN RHYTHMUS: ERST FÜNF STUNDEN IN RUHE SCHREIBEN, DANN DREI STUNDEN SPAZIEREN GEHEN.

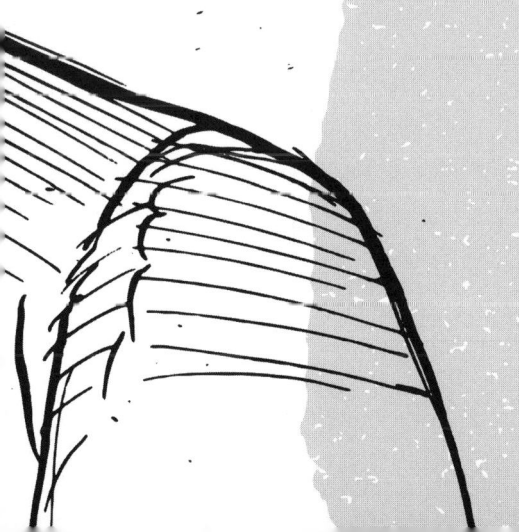

Analysieren Sie Ihre Prozesse

Keine Zeit für Echtzeit

Wenn man Gruppenchats im Büro folgt, bekommt man schnell das Gefühl, man befände sich in einem Meeting, das den ganzen Tag dauert, bei dem die Teilnehmer kommen und gehen und für das es keine Tagesordnung gibt. Es ist extrem anstrengend.

Chats befördern Gespräche praktisch wie auf einem Fließband – und dieses Fließband bewegt sich immer weiter von einem weg. Wenn Sie gerade nicht an Ihrem Platz sind, wenn der Gesprächsfetzen vorbeikommt, haben Sie keine Chance, sich dazu zu äußern. Das geht nur, wenn Sie den Chat den ganzen Tag verfolgen (und das meist nicht nur in einem, sondern in mehreren Chaträumen oder -kanälen gleichzeitig). Sie können natürlich beschließen, da nicht mitzumachen, dann müssen Sie allerdings mit der Sorge leben, eventuell etwas zu verpassen. Es ist ein schlechter Deal – so oder so.

Chats sind allerdings nicht immer eine schlechte Sache. Sie müssen nur sparsam eingesetzt werden. Chats sind hervorragend dazu geeignet, etwas schnell zu kommunizieren, wenn die Zeit drängt. Bei einer Krise oder einem Notfall kann so virtuell schnell eine Gruppe von Leuten an einem Ort zusammengetrommelt werden (Chats eignen sich auch für Smalltalk, ähnlich wie am Kaffeeautomaten, wenn man gerade nichts zu tun hat, ein bisschen herumalbert und lustige Fotos zeigt – letztlich entsteht so ein Gemeinschaftsgefühl).

Es ist jedoch ein äußerst schmaler Grat, wenn man in einem Chatraum „gefangen ist", in dem alles so schnell wie möglich gehen muss. Ständiges Chatten verleitet zu der Annahme, dass man „diese eine Sache" doch jetzt auch noch schnell besprechen könnte. Sollte man aber nicht. Fast alles kann und sollte warten, bis es ausreichend durchdacht und von der entsprechenden Person sorgfältig zu Papier gebracht wurde.

Ansonsten besteht die Gefahr, dass Zustimmung impliziert wird: „Wie, du stimmst dem nicht zu? Wir haben das doch im Chat diskutiert." ... „Woher soll ich das wissen? Ich war nicht online, ich habe an etwas anderem gearbeitet." ... „Oh, wir haben das diskutiert und sind davon ausgegangen, dass es auch für dich okay ist, weil du dich ja nicht eingeschaltet hast." ... „Was??? Nein!!!" Dieses Muster kann man häufig beobachten, wenn Entscheidungen per Chat getroffen werden.

Zum Thema Chat gibt es bei Basecamp zwei Faustregeln. Erstens: „Selten in Echtzeit, meistens zeitversetzt." Und zweitens: „Wenn es um etwas Wichtiges geht: Tempo rausnehmen."

Wichtige Themen brauchen Zeit, sie müssen erst einmal Zugkraft entwickeln und sollten deshalb getrennt vom restlichen Geplauder behandelt werden. Wenn unsere Mitarbeiter etwas im Chat diskutieren, was man ganz offensichtlich nicht Zeile für Zeile verarbeiten kann, bitten wir sie, es aufzuschreiben. Hier schließt sich die Regel an: „Wenn alle es sehen müssen, ist der Chat nicht der geeignete Ort dafür." Geben Sie der Diskussion einen spezifischen, dauerhaften Raum, der nicht bereits nach fünf Minuten durch Scrollen aus dem Blickfeld verschwunden ist.

Viele Führungskräfte lieben Gruppenchats, weil sie sich dann mal eben schnell einloggen und mit möglichst vielen Mitarbeitern gleichzeitig sprechen können. Für die Mitarbeiter ist es jedoch ein nervenaufreibendes Unterfangen, den ganzen Tag so zu tun, als beteiligten sie sich an der Diskussion im Chat, wenn sie eigentlich echte Arbeit zu erledigen haben.

In der Softwarebranche ist es üblich, den Usern die Schuld zu geben. Wenn etwas nicht klappt, liegt es an den Usern: Sie wissen einfach nicht, wie es geht. Sie machen es falsch. Sie müssen dieses oder jenes tun. Die Wahrheit ist jedoch, dass ein bestimmtes Design ein bestimmtes Verhalten erzeugt. Wenn das Design Stress verursacht, ist es ein schlechtes Design.

Chats sind ein kleines Stück des Kommunikations-Kuchens, nicht aber der ganze Kuchen.

D(r)eadlines

Viele Deadlines sind gar keine Deadlines, sondern *Dreadlines* – unrealistische Termine, die durch kontinuierlich steigende Projektanforderungen ad absurdum geführt werden und die Mitarbeiter in Angst und Schrecken versetzen. Die Arbeit stapelt sich, aber der Zeitplan bleibt derselbe. Das ist keine Arbeit mehr, das ist ein Albtraum.

Ohne eine feste und glaubwürdige Deadline kann man nicht entspannt arbeiten. Wenn Sie den Termin anzweifeln oder wenn Sie es für unmöglich halten, die Ihnen übertragenen Aufgaben in der vorgesehenen Zeit zu erledigen, oder wenn Sie immer mehr Arbeit aufgehalst bekommen, ohne dass man Ihnen dafür mehr Zeit einräumt, wird es hektisch, und Sie arbeiten wie ein Wahnsinniger. Wenige Dinge sind der Motivation so abträglich wie ein Projekt, das kein Ende zu nehmen scheint.

Bei Basecamp gibt es das nicht.

Bei Basecamp haben wir keine Angst vor Deadlines – wir gehen sie proaktiv an. Unsere Deadlines verschieben sich nicht und sie sind fair. Sie bestimmen unsere Prozesse und sind eine Voraussetzung für Fortschritt. Wenn etwas am 20. November fertig sein muss, dann muss es am 20. November fertig sein. Der Termin verschiebt sich nicht – weder nach vorn noch nach hinten.

Variabel ist dagegen der Umfang der Aufgabe, also die Arbeit an sich. Aber nur nach unten hin. Sie können nicht einfach eine Deadline festsetzen und Ihren Mitarbeitern dann mit immer mehr Arbeit kommen. Das wäre unfair. Bei uns können Projekte mit der Zeit nur kleiner werden, nicht größer. Dabei unterscheiden wir Must-haves von Nice-to-haves und werfen alles Unwichtige über Bord.

Und wer entscheidet darüber, welche Elemente bleiben und welche über Bord geworfen werden? Natürlich das Team, das an dem Projekt arbeitet. Nicht der CEO und nicht der CTO. Das Team, das mit der Aufgabe betraut ist, hat die Kontrolle. Es kann die großen Must-haves in kleinere Teile zerlegen und jedes dieser Teile individuell und objektiv begutachten. Es sortiert, sichtet und siebt aus – und entscheidet so, was erledigt werden muss und was warten kann.

Wichtig ist dabei, dass der Umfang nach unten hin flexibel ist, denn fast alles, was man innerhalb von sechs *Monaten* erledigen kann, lässt sich in abgewandelter Form auch innerhalb von sechs *Wochen* erledigen. Auf der anderen Seite können sich kleine Projekte schnell zu großen Projekten aufblähen, wenn man nicht aufpasst. Letztlich muss man wissen, wo man Abstriche machen kann, wann man „Stopp" sagen sollte und wann es besser ist, zum nächsten Schritt überzugehen.

Deadlines beruhen auf Budgets, nicht auf Schätzungen. Wir sind keine Freunde von Schätzungen, denn – seien wir doch mal ehrlich – Menschen sind im Schätzen einfach miserabel. Sie sind jedoch gut darin, Budgets aufzustellen und einzusetzen. Wenn wir eines unserer Teams damit beauftragen, „ein tolles Kalender-Feature" in Basecamp zu entwickeln, ist die Wahrscheinlichkeit, dass die Mitarbeiter gute Arbeit leisten, wesentlich größer, als wenn wir sie fragen würden, wie lange sie bräuchten, um „dieses ganz konkrete Kalender-Feature" zu entwerfen. Ganz zu schweigen davon, dass die Leute dann auf ihre Wochenenden verzichten und bis zur Erschöpfung schuften würden, um rechtzeitig fertigzuwerden.

Eine Deadline, bei der der Umfang flexibel ist, erlaubt es Ihnen, Dinge zurückzustellen und Kompromisse zu finden, was die Voraussetzung für gesunde, entspannte Projekte ist. Wenn Sie dagegen anfangen, sowohl am Umfang als auch am Zeitrahmen herumzudoktern, sind Angst, Überlastung und Erschöpfung vorprogrammiert.

An den folgenden Indikatoren erkennen Sie, dass Ihre Deadlines in Wirklichkeit Dreadlines sind:

- Eine unverhältnismäßig große Aufgabe, für die offensichtlich viel zu wenig Zeit zur Verfügung steht. „Diese umfangreiche Neugestaltung muss innerhalb von zwei Wochen abgeschlossen sein. Ja, ich weiß, die Hälfte der Mitarbeiter hat nächste Woche Urlaub, aber das ist nicht mein Problem."
- Unverhältnismäßig hohe Erwartungen an die Qualität angesichts der zur Verfügung stehenden Mitarbeiter und Zeit. „Bei der Qualität können wir keine Abstriche machen – alle Details müssen bis Freitag perfekt sein. Komme, was wolle."
- Wenn immer mehr Arbeit dazukommt, der Fertigstellungstermin aber derselbe bleibt. „Der CEO hat mich gerade informiert, dass wir das Produkt nicht nur auf Englisch, sondern auch auf Spanisch und Italienisch auf den Markt bringen sollen."

Beschränkungen sind befreiend und realistische Deadlines mit flexiblem Umfang können genau dies sein. Dafür müssen Sie sich jedoch an Budgets orientieren und Schätzungen vermeiden. Dann kann innerhalb der zur Verfügung stehenden Zeit Großes entstehen – Sie müssen es nur zulassen.

Vermeiden Sie
Hauruck-Reaktionen

Die Präsentation neuer Ideen läuft in den meisten Unternehmen folgendermaßen ab: Ein Mitarbeiter stellt eine kurze Präsentation zusammen, reserviert einen Besprechungsraum und beruft ein Meeting ein. Wenn er Glück hat, wird er während der Präsentation nicht unterbrochen. (In der Regel grätscht ihm jedoch bereits nach zwei Minuten jemand dazwischen und bringt die ganze Vorstellung aus dem Konzept.) Und wenn die Präsentation dann vorbei ist, *reagieren* die Leute. Aber genau das ist das Problem.

Die Person, die ihre Idee pitcht, hat wahrscheinlich viel Zeit, Konzentration und Energie darauf verwendet, ihre Gedanken zu ordnen und den Anwesenden anschließend schlüssig und klar darzulegen. Letztere sollen jedoch lediglich reagieren, nicht das Gehörte aufnehmen, darüber nachdenken und es von verschiedenen Seiten beleuchten – nein, nur reagieren. Und zwar ganz spontan. So geht man jedoch nicht mit fragilen, neuen Ideen um.

Bei Basecamp machen wir es anders.

Bevor bei uns jemand seine Arbeit präsentiert, wird diese zunächst aufgeschrieben: die ganze Idee auf mehreren Seiten penibel festgehalten und, wenn möglich, visualisiert. Erst dann wird die Idee den anderen zur Verfügung gestellt, die sie nun in ihrer Gänze begutachten sollen.

In ihrer Gänze!

Wir wollen keine Reaktionen, keine ersten Eindrücke und keine spontanen Äußerungen. Wir wollen wohlüberlegtes Feedback. Also wird das Dokument ein zweites und sogar ein drittes Mal gelesen. Man darf auch eine Nacht darüber schlafen. Alle sollen sich Zeit nehmen, um ihre Gedanken zu ordnen und anschließend darzulegen – genau wie die Person, die die Idee ursprünglich vorgestellt hat.

Nur so kann eine Idee wirklich von allen Seiten beleuchtet werden.

Manchmal herrscht bei Basecamp für mehrere Tage Funkstille, nachdem jemand eine Idee gepitcht hat, und die Rückmeldungen gehen erst einige Tage später ein. Das ist vollkommen in Ordnung und wird auch erwartet. Stellen Sie sich dagegen mal ein Meeting vor, in dem absolute Stille herrscht, nachdem ein physischer Pitch stattgefunden hat. Komische Vorstellung? Genau. Deshalb werden bei uns Ideen nicht persönlich präsentiert. Stille und Konzentration im Anschluss an einen Pitch sollen die Norm sein und sich nicht sonderbar anfühlen.

Auf diese Weise bereiten wir der Idee die Bühne. Niemand kann denjenigen, der präsentiert, unterbrechen, denn es ist niemand zum Unterbrechen da. Die Idee wird in ihrer Gesamtheit dargelegt und der Präsentierende wird in seinem Fluss nicht unterbrochen. Die Bühne gehört ihm – keiner kann sie ihm nehmen. Und wenn die anderen dann soweit sind, ihr Feedback zu geben, gehört ihnen die Bühne.

Probieren Sie es einmal aus. Trommeln Sie nicht zum Meeting zusammen, sondern halten Sie Ideen schriftlich fest. Reagieren Sie nicht, sondern durchdenken Sie die Dinge in Ruhe.

12-Tage-Wochen müssen nicht sein

Früher haben wir neue Softwareprodukte immer freitags veröffentlicht. Die Folge war, dass akut auftretende Probleme immer samstags und sonntags behoben werden mussten, was wiederum den für den Release zuständigen Mitarbeiter um sein Wochenende brachte. Das war dumm, aber gleichzeitig vorhersehbar, denn unsere Deadlines haben wir immer auf einen Freitag gelegt. Das ist allerdings der denkbar ungünstigste Tag, um etwas auf den Markt zu bringen.

Zunächst einmal hat man sich gegen Ende wahrscheinlich beeilen müssen, um rechtzeitig fertig zu werden. Arbeit, die freitags erledigt wird, wird deshalb häufig etwas schlampig erledigt.

Zweitens folgt auf Freitag nicht Montag, sondern Samstag und Sonntag. Wenn also etwas schiefgeht, sind Sie das Wochenende über beschäftigt.

Drittens bedeutet Wochenendarbeit, dass Sie keine Gelegenheit haben, sich zu erholen. Im Grunde genommen ist der Montag nach einer vollen Arbeitswoche inklusive Wochenende der achte Tag der alten Woche, nicht der erste Tag der neuen Woche. Wenn Sie diese neue Woche ebenfalls komplett durcharbeiten, hatten Sie am Ende eine 12-Tage-Woche. Das ist nicht empfehlenswert.

So verursachten wir also unnötigen Stress – Stress, den wir nicht nur im Moment des Release empfanden, sondern der auch in die Folgewoche überschwappte. Warum das alles?

Wir wussten es auch nicht wirklich. Also beschlossen wir, wichtige Software-Updates nicht länger freitags zu veröffentlichen, sondern immer erst am Montag der Folgewoche. Das barg natürlich neue Risiken: Sollte uns ein größerer Fehler unterlaufen, müssten wir uns am stressigsten Tag der Woche damit auseinandersetzen. Dieses Wissen hilft uns allerdings dabei, besser vorbereitet zu sein. Wenn mehr auf dem Spiel steht, prüft man die Dinge zweimal statt nur einmal.

Dies führte dazu, dass wir das Thema Qualitätskontrolle stärker in den Blick nahmen, um möglichst viele Probleme frühzeitig zu erkennen. Unser Ansatz, um Stress am Tag des Release zu vermeiden, war mehrdimensional. Am Anfang steht die Problemerkennung. Dann folgt die Problembehebung.

Mittlerweile verlaufen Software-Releases bei Basecamp fast komplett stressfrei. Ein gewisses Bauchkribbeln gehört dazu – auch ein Berufsmusiker oder ein professioneller Redner ist nervös, wenn er vor einem großen Publikum auftritt. Aber verrückt machen wir uns nicht. Und wenn wir merken, dass wir noch in Hektik sind, verschieben wir den Veröffentlichungstermin lieber, bis wir uns wieder entspannt haben.

DIE DICHTERIN UND
BÜRGERRECHTLERIN MAYA
ANGELOU SCHRIEB AM LIEBSTEN
ZURÜCKGEZOGEN IN EINEM
EINFACHEN HOTELZIMMER.
UM 14 UHR LEGTE SIE DEN
STIFT ÜBLICHERWEISE NIEDER,
UM NOCH GENUG ZEIT ZUM
ENTSPANNEN ZU HABEN, BEVOR
SIE SICH DANN MIT IHREM MANN
ZUM ABENDESSEN TRAF.

Die neue Normalität

Dinge werden schnell Normalität.

Zunächst ist es nur ein Ausreißer. Eine Verhaltensweise, die nicht sonderlich geschätzt, aber toleriert wird. Dann macht der Nächste mit. Sie als Vorgesetzter kriegen es entweder nicht mit oder lassen es durchgehen. Und plötzlich übernehmen immer mehr Mitarbeiter diese Verhaltensweise, da sie ja von niemandem unterbunden wurde.

Und dann ist es plötzlich zu spät. Das Verhalten ist zur Kultur geworden, zur neuen Normalität.

Dies passiert in Unternehmen ständig. Eine einzelne abfällige Bemerkung kann sich zu einem Schwall kollektiver Bissigkeiten entwickeln, so wie ein einzelner Funke einen Waldbrand auslösen kann. Und wenn sie es indirekt zulassen, denken die Mitarbeiter, es sei okay. Verhalten, das keine Korrektur erfährt, wird schnell gebilligt.

Bei Basecamp haben wir dies häufiger erlebt. Es gab eine Zeit, in der sich ein Mitarbeiter, der gerade an einem schwierigen Fall mit einem schwierigen Kunden arbeitete, in einem internen Chat abfällig über diesen Kunden äußern konnte, ohne dass jemand etwas dagegen sagte. Oder wir freuten uns hämisch über ein Unternehmen, das einen Fehler gemacht hatte, und vergaßen dabei völlig, dass wer im Glashaus sitzt, nicht mit Steinen werfen sollte.

Irgendwie wussten wir, dass es falsch war, aber wir hörten nicht damit auf. Dadurch war es am Ende noch schwieriger, dieses Verhalten abzustellen, als wir endlich beschlossen, es zu tun.

Die neue Normalität wieder zu ändern, erfordert mehr Aufwand, als sie erst gar nicht entstehen zu lassen. Wenn Sie keine knorrigen Wurzeln in Ihrem Garten haben wollen, müssen Sie sich um die Samen kümmern.

Bis etwas zur neuen Normalität wird, muss es gar nicht lange toleriert worden sein. Kultur ist das, was passiert. Nicht das, was Sie gern hätten, was Sie sich wünschen oder was Sie anstreben. Es ist das, was Sie tun. Tun Sie es also besser.

Schlechte Gewohnheiten sind stärker als gute Absichten

Mikromanager bleiben meistens Mikromanager.

Workaholics bleiben meistens Workaholics.

Und: Einmal Macher, immer Macher.

Alles, was wir wiederholt tun, wird zur Gewohnheit. Je länger Sie eine Verhaltensweise pflegen, desto schwieriger wird es, sie zu ändern. Alle guten Vorsätze, „später" das Richtige zu tun, können es mit der Kraft der Gewohnheit nicht aufnehmen.

Und doch belügen wir uns ständig. Wir glauben, wenn wir jahrelang Überstunden machen, müssen wir die Dinge nicht später erledigen. Sie *müssen* zwar keine Überstunden machen, aber Sie *werden* wahrscheinlich Überstunden machen. Denn es ist eine Gewohnheit.

Gleich bei Gründung von Basecamp haben wir auf einer machbaren Arbeitswoche bestanden. Wir legten keine Nachtschichten ein, um unsinnige Deadlines zu halten, sondern bemaßen den Arbeitsumfang so, dass er an einem Arbeitstag zu schaffen ist, und genossen danach unseren Feierabend. Das war keine Magie und auch kein Glück, sondern eine bewusste Entscheidung.

Wenn wir gleich zu Beginn einen Haufen Leute eingestellt hätten, die wir nicht brauchten, würden wir heute immer noch Leute einstellen, dir wir nicht brauchen. Stattdessen stellen wir neue Mitarbeiter erst ein, wenn es wehtut – und zwar nach und nach und nur, wenn wirklich klar ist, dass wir jemanden brauchen. Nicht, wenn wir denken, dass wir möglicherweise demnächst irgendwann jemanden brauchen.

Wenn wir gleich zu Beginn von unseren Mitarbeitern verlangt hätten, dass sie vor Ort im Büro arbeiten, würden wir heute wahrscheinlich glauben, die einzige Form der Zusammenarbeit sähe so aus, dass man sich jeden Tag persönlich begegnet. Stattdessen arbeiten unsere Vollzeit-Mitarbeiter heute von zig Städten überall in der Welt aus. Sie arbeiten in ihrem eigenen Rhythmus und in ihrer eigenen Umgebung.

Wenn man direkt mit einer entspannten Arbeitskultur einsteigt, wird diese entspannte Arbeitskultur zur Gewohnheit. Wenn stattdessen von Anfang an Wahnsinn im Büro herrscht, wird dieser Wahnsinn Normalität. Sie sollten sich immer wieder fragen, ob die Art und Weise, wie Sie heute arbeiten, auch die Art und Weise ist, wie Sie in zehn, zwanzig oder dreißig Jahren arbeiten möchten. Falls nicht, wäre jetzt ein guter Zeitpunkt, dies zu ändern – nicht „später".

„Später" ist der Ort, wo die Ausreden wohnen und wohin sich die guten Absichten zum Sterben begeben. „Später" ist ein kaputter Rücken und ein gebrochener Geist. „Später" bedeutet „Nachtschichten machen wir nur so lange, bis wir das gelöst haben ..." Unwahrscheinlich. Ändern Sie die Dinge jetzt.

In der Abhängigkeitsfalle

Die meisten Menschen sind der Meinung, dass ein Unternehmen stets versuchen sollte, seine innerbetrieblichen Abläufe synchron zu gestalten: Team A liefert Team B genau das, was Letzteres zu diesem Zeitpunkt benötigt. Alles hübsch geordnet, eine schöne Choreografie. Solch ein Ballett der Interdependenzen führen wir bei Basecamp jedoch lieber nicht auf.

Wir möchten, dass unsere Teams aneinander vorübergleiten, statt im Gleichschritt zu marschieren und dabei gegebenenfalls ins Stolpern zu geraten. Die Dinge sollten zueinander passen, aber nicht aneinander kleben.

Durch Abhängigkeiten entstehen ineinander verheddderte, verflochtene Teams, Gruppen oder Individuen, die sich nicht unabhängig voneinander bewegen können. Immer, wenn eine Person auf eine andere wartet, ist eine Abhängigkeit im Weg.

Wenn man im Flugzeugbau tätig ist oder Fließbandarbeit einsetzt, ist das etwas anderes. Dort sind Abhängigkeiten wahrscheinlich notwendig. Auf die meisten Unternehmen trifft das heutzutage allerdings nicht zu – und dennoch arbeiten sie so.

Auch wir sind einige Male in die „Abhängigkeitsfalle" getappt. Wir haben zum Beispiel versucht, die Realease-Termine für unsere Web-Anwendung und unsere mobilen Apps aufeinander abzustimmen: Wenn wir ein neues Feature für die Web-Anwendung hatten, mussten wir damit warten, bis es auch für die iPhone- und die Android-Version verfügbar war, bevor wir alles veröffentlichen konnten. Dadurch wurden

wir langsamer und verhedderten uns – die Folge: selbstver-
ursachte Frustration. Schließlich war es den Android-Nutzern
egal, ob sie das gleiche Design hatten wie die iPhone-User.

Genauso bündelten wir in der Regel fünf oder sechs neue
Features zu einem Release à la „Big Bang", anstatt jedes einzelne Update dann zu veröffentlichen, wenn es fertig war.
Ein Big-Bang-Release verursacht zwar einen großen Knall,
bündelt aber gleichzeitig die Risiken jeder einzelnen Kom-
ponente – wenn sich also eine Sache verzögert, kann der
gesamte Prozess ins Stocken kommen. Und das tut er immer.
Dadurch vergrößert sich das Risiko, viel später auf den Markt
zu kommen als geplant, erheblich. Im schlimmsten Fall lan-
det das Ganze sogar im Müll.

Die getane Arbeit einfach so wegzuwerfen, nur weil die Herangehensweise die falsche war, ist tödlich für die Motivation.
Aber genau das passiert, wenn man Projekte mit Abhängigkeiten füllt.

Heute veröffentlichen wir die Dinge, wenn sie fertig sind,
nicht wenn sie aufeinander abgestimmt sind. Wenn das Feature fürs Web fertig ist, raus damit! iOS wird nachziehen,
wenn es soweit ist. Oder iOS ist schon so weit, dann wird
Android nachziehen. Das Gleiche gilt fürs Internet. Kunden
erhalten den Nutzen, sobald etwas an einer Stelle fertig ist,
nicht wenn es überall fertig ist.

Machen Sie also nicht mehr Knoten, sondern lösen Sie mehr
Fesseln. Je weniger Verbindungen es gibt, desto besser.

Ich sehe es zwar anders, aber ich bin dabei

Der Goldstandard in Rechtsfragen ist (zumindest in den USA) das einstimmige Urteil einer Jury. Wenn rechtlich viel auf dem Spiel steht, ist Konsens der einzig gangbare Weg. Wird dieser nicht erzielt, ist ein zweiter Anlauf nötig.

Im Gerichtssaal ist das ein wunderbares Ideal. Unternehmen sollten sich jedoch nicht danach richten. Wenn man nur eine einzige Entscheidung fällen muss – und dabei könnte es buchstäblich um Leben und Tod gehen –, dann ist das eine Last, die es wert ist, zu tragen. Im Unternehmenskontext muss man jedoch jeden Monat mehrere große Entscheidungen treffen. Wäre für jede dieser Entscheidungen ein Konsens nötig, würde dies zu einer endlosen Zermürbung mit erheblichen Kollateralschäden führen. Der Preis für diese Einigkeit wäre in Summe einfach zu hoch.

Wenn Sie eine Gruppe Menschen in einem Raum versammeln und ihnen sagen, dass sie diesen Raum erst wieder verlassen dürfen, wenn sich alle einig sind, müssen Sie sich auf einen Zermürbungskrieg einstellen. Dabei hat derjenige, der seine Position am längsten verteidigt, die größten Chancen auf den Sieg. Das ist einfach nur dämlich.

Wie kann es anders gehen? Es ist natürlich nicht so, dass jemand plötzlich einfach weiß, welche die richtige Entscheidung ist. Gute Entscheidungen sind immer das Ergebnis von Beratungen, Fakten, Argumenten und Diskussionen. Sie müssen letztlich jedoch immer von *einer* Person im Unternehmen getroffen werden, damit die Sache funktioniert.

Die verantwortliche Person hat das letzte Wort, auch wenn manch einer sich eine andere Entscheidung gewünscht hätte. Gute Entscheidungen erfordern nicht zwangsläufig Einigkeit, sie erfordern Einsatz.

Jeff Bezos hat das 2017 in einem Aktionärsbrief treffend formuliert:

„Ich sehe die Dinge häufig anders als meine Mitarbeiter, stelle mich aber trotzdem hinter die Sache. Vor Kurzem haben wir zum Beispiel grünes Licht für eine Originalproduktion von Amazon Studios gegeben. Ich habe dem Team offen meine Meinung gesagt: dass ich bezweifle, ob das Thema interessant genug ist, dass die Sendung schwierig zu produzieren sein könnte, dass die Geschäftsbedingungen nicht die besten seien und wir diverse Alternativoptionen hätten. Das Team sah das jedoch völlig anders und wollte das Ding unbedingt produzieren. Also habe ich mich sofort zurückgemeldet und ihnen geschrieben: ‚Ich sehe es zwar anders, aber ich bin dabei und hoffe, dass es die meistgesehene Sendung wird, die wir je produziert haben.‘ Stellen Sie sich nur mal vor, wie viel länger dieser Entscheidungsprozess gedauert hätte, wenn die Mitarbeiter mich erst hätten *überzeugen* müssen, statt lediglich meine Unterstützung einzuholen.“

Dem können wir nur zustimmen. Wir haben das Prinzip des „Ich sehe es zwar anders, aber ich bin dabei“ von Anfang an verfolgt, aber erst durch Bezos' Brief hat das Ganze einen Namen bekommen. Mittlerweile bedienen wir uns häufig dieser Formulierung. „Ich sehe es zwar anders, aber ich bin dabei“ hört man bei Basecamp nach hitzigen Diskussionen über bestimmte Produkte oder strategische Entscheidungen ständig.

Unternehmen vergeuden häufig unheimlich viel Zeit und Energie damit, alle von einer Sache überzeugen zu wollen, bevor es weitergeht. Das Ergebnis ist dann nicht selten widerwillige Zustimmung – im Hintergrund wächst jedoch der Unmut.

Sinnvoller ist es, alle anzuhören, dann aber die finale Entscheidung der verantwortlichen Person zu überlassen. Ihre Aufgabe ist es, zuzuhören, abzuwägen und dann zu entscheiden.

Unternehmen mit einer entspannten Arbeitskultur haben das verstanden. Alle Mitarbeiter werden ermutigt, ihre Ideen vorzustellen und ihre Argumente darzulegen – die Entscheidung trifft dann jedoch jemand anders. Solange die Mitarbeiter wirklich ihre Meinung sagen können und immer wieder erleben, dass ihre Stimme zählt, können sie auch damit umgehen, wenn eine Entscheidung einmal nicht nach ihren Vorstellungen ausfällt.

Eine Sache noch: In Situationen, die dem „Ich sehe es zwar anders, aber ich bin dabei"-Prinzip folgen, ist es wichtig, dass die Gründe für die endgültige Entscheidung allen Beteiligten klar kommuniziert werden. Es reicht also nicht, eine Entscheidung zu treffen und dann loszulegen, sondern die Devise lautet: entscheiden, *erklären*, loslegen.

Machen Sie Qualitätsabstriche

Bei Basecamp machen wir laufend Qualitätsabstriche. Wir veröffentlichen Features, die nicht für jeden gut genug sind (aber völlig ausreichend für den Großteil unserer Kunden). Wir „verarzten" Bugs, die nicht schwerwiegend sind, um an anderer Stelle eine wirkliche Fehlerbehebung vornehmen zu können. Und wir posten Blogartikel, auch wenn sie womöglich den einen oder anderen Grammatikfehler enthalten.

Man kann nicht in jeder Situation die beste Performance abliefern. Zu wissen, wann „gut genug" ausreichend ist, erlaubt es einem, wirklich top zu sein, wenn es darauf ankommt.

Wir sagen nicht, dass Sie Ihren Kunden schlechte Produkte anbieten sollen. Aber Sie sollten stolz auf etwas sein können, auch wenn es nur „okay" ist. Der Versuch, wahllos in allem immer das Beste erreichen zu wollen, ist eine törichte Form der Energieverschwendung.

Anstatt unendlich viel Energie in jedes kleine Detail zu stecken, nutzen wir unsere Kraft dazu, die Dinge, die wirklich wichtig sind, von denen zu trennen, die einigermaßen wichtig sind, und denen, die überhaupt nicht wichtig sind. Dieser Akt der Unterscheidung sollte Ihre höchste Qualitätsanstrengung darstellen. „Alles muss perfekt sein" kann man leicht sagen – jeder kann das. Die wirkliche Herausforderung besteht darin, zu entscheiden, an welchen Stellen es reicht, mittelmäßig zu sein oder sogar zu underperformen.

Sehen Sie es einmal so: Wenn Sie eine Sache hundertprozentig machen, haben Sie hundert Prozent Ihrer Energie dafür verwendet. Wenn Sie dagegen nur zwanzig Prozent Energie aufwenden, um fünf Dinge auf achtzig Prozent zu bringen, haben Sie gleich fünf Dinge auf einmal erledigt! Auf diesen Kompromiss lassen wir uns bei Basecamp fast immer ein.

Sich im Klaren darüber zu sein, wo Höchstleistung erforderlich ist und wo ein „Gut genug" vollkommen ausreicht, ist eine gute Voraussetzung für eine entspannte Arbeitskultur. Sie machen sich dann weniger Sorgen und nehmen die Dinge öfter hin. „Das ist völlig okay" ist oftmals eine wunderbare Devise, um entspannt arbeiten zu können. Heben Sie sich den gründlichen Blick für die Dinge auf, die wirklich wichtig sind.

Hier ist Tunnelblick gefragt

Wenn man an einer Sache arbeitet, ist es fast unmöglich, all die zusätzlichen, spannenden Möglichkeiten und Optionen auszublenden, die sich währenddessen ergeben. Es gibt immer etwas, das das Produkt oder der Service noch leisten könnte, oder eine weitere Optimierung, die man vornehmen könnte. Wenn Sie jedoch wirklich vorankommen wollen, müssen Sie Ihren Blick mit der Zeit verengen.

Wenn sich die erste Aufregung gelegt hat, sollte der Aufwand, der zur Fertigstellung eines Projekts erforderlich ist, mit der Zeit abnehmen, nicht zunehmen. Die Deadline sollte behutsam näher rücken, nicht mit voller Geschwindigkeit auf einen zurasen. Denken Sie daran: Sie wollen Deadlines, keine Dreadlines.

Wenn wir bei Basecamp sechs Wochen für ein Projekt haben, nutzen wir die ersten zwei Wochen dazu, offene Fragen zu klären und Annahmen zu validieren. In dieser Zeit muss das Konzept den Realitätscheck bestehen: Entweder es prallt erfolgreich vom Boden ab oder es zerschellt.

Deshalb versuchen wir in diesen ersten zwei Wochen, so schnell wie möglich einen Prototyp zu entwickeln. Häufig haben wir dann bereits nach ein oder zwei Tagen etwas Reales vor uns. Nichts liefert einem eine ehrlichere Rückmeldung, als wenn man eine Idee dem Praxistest unterzieht. Das ist der Zeitpunkt, zu dem wir das erste Mal sehen, ob das, was wir uns in unseren Köpfen ausgemalt haben, tatsächlich funktioniert.

Nach dieser kurzen Erkundungsphase zu Beginn eines Projekts ist es jedoch Zeit, den Blick zu fokussieren. Jetzt ist Tunnelblick gefragt!

Das steht dem Credo des ewigen Experimentierens, der ständigen Jagd nach der noch besseren Idee diametral entgegen. Wenn wir doch noch ein bisschen mehr brainstormen würden ... noch ein wenig mehr herumspinnen ... noch ein paar Leute dazuholen. Nein.

Wenn die Phase des Experimentierens einmal vorbei ist, sollte uns jede weitere Woche unserem Ziel näherbringen, nicht weiter davon entfernen. Stellen Sie sich hinter eine Sache. Bringen Sie sie zu Ende. Lassen Sie sie Wirklichkeit werden. Kehrtmachen können Sie später immer noch, vorausgesetzt Sie sind tatsächlich fertig geworden.

In der vierten Woche eines sechswöchigen Projekts sollte es darum gehen, die Dinge langsam zu Ende zu bringen und das Tempo herunterzufahren. Neue Ideen sind jetzt fehl am Platz.

Neue Ansätze oder Ideen sind natürlich nicht per se schlecht, der Zeitpunkt kann jedoch ungünstig sein. Wenn umfangreiche Änderungen immer eine Option sind, kann es schnell chaotisch werden, und Zweifel können aufkommen. Schließen Sie diese Option deshalb mit gutem Gewissen aus. Bessere Ideen sind nicht unbedingt besser, wenn sie erst eintreffen, nachdem der Zug den Bahnhof bereits verlassen hat. Sollten sie wirklich so gut sein, können sie ja den nächsten Zug nehmen.

Tatsächlich ist dies die Antwort auf die Frage, wie Sie mit neuen Ideen umgehen, die Ihnen zu spät kommen: Einfach warten!

Nichts tun ist die beste Option

„Nichts zu tun, ist keine Option."

Oh doch! Oftmals ist es sogar die beste Option.

Nichts zu tun, sollte immer eine Möglichkeit sein.

Durch Änderungen verschlimmbessert man die Dinge häufig nur. Es ist so viel einfacher, etwas, das gut funktioniert, zu zerstören, als es grundlegend zu verbessern. Dennoch erliegen wir immer wieder dem Irrglauben, dass mehr Zeit, mehr Geld und mehr Aufmerksamkeit die Dinge besser machen.

Sehen wir uns ein typisches Beispiel an: Wir arbeiteten gerade daran, die Art und Weise, wie Unternehmen und ihre Kunden Basecamp für die Zusammenarbeit nutzen, umzugestalten. Das alte Vorgehen sollte durch ein neues abgelöst werden. Für diejenigen, die noch nach dem alten Verfahren arbeiteten, bedeutete dies, dass sie irgendwann auf das neue Verfahren umgestellt werden müssten – ihre Daten sollten konvertiert und Formate umgewandelt werden. Zudem müssten sie mit einem völlig neuen Nutzererlebnis zurechtkommen.

Aber was, wenn einige Kunden die alte Vorgehensweise mochten oder sich einfach an sie gewöhnt hatten? Wir gehen oft davon aus, dass Menschen etwas mögen oder nicht mögen. Manchmal haben sie sich jedoch einfach an eine Sache gewöhnt und machen es dann lieber so als anders. Würde man ihnen das nehmen, wäre das ein echter Einschnitt.

Mitten im Projekt hielten wir deshalb inne und fragten uns: Was wäre, wenn wir nichts ändern würden? Kein erzwungener Wechsel, keine Migration, kein neues Nutzererlebnis für diejenigen, die prima mit der alten Version zurechtkamen? Könnten bestehende Kunden nicht einfach weiter mit der alten Version arbeiten und die neue Version würden wir nur Neukunden anbieten, die die alte sowieso nicht kannten?

Also taten wir genau das: nichts. Keine verpflichtende Migration, keine Notwendigkeit, etwas Neues zu lernen, und keine aggressive Verkaufstaktik, bei der wir unsere Kunden davon hätten überzeugen müssen, warum die neue Version so viel besser ist. Für bestehende Kunden würde alles beim Alten bleiben (sie könnten sich auf Wunsch aber auch für das neue Vorgehen entscheiden).

Für unsere Kunden war das genau das Richtige – und ebenso für uns, wie wir eigennützig zugeben müssen. Es bedeutete weniger Arbeit und einen geringeren Projektumfang, wir konnten die Deadline ausnahmsweise um einige Wochen nach vorn verschieben und damit schneller liefern. Was hätte besser sein können?

Manchmal muss man sich gegen das Offensichtliche stellen. Und manchmal muss man anerkennen, dass mehr Zeit nicht automatisch zu besseren Ergebnissen führt. Nichts zu tun, kann die schwierigste Option sein, aber zugleich auch die beste.

Genug genügt

Wenn Sie eine entspannte Arbeitskultur etablieren möchten, müssen Sie sich daran gewöhnen, dass „genug" genügt.

Auch wenn nicht eindeutig festgelegt ist, was oder wie viel in einer Situation „genug" ist, lässt sich eines mit Sicherheit sagen: Wenn es *nie* genug ist, wird immer Wahnsinn im Büro herrschen.

Vor einigen Jahren haben wir uns einmal genauer angesehen, wie lange wir für die Beantwortung von Kundenanfragen brauchten. Das waren mitunter Stunden. Vielen Menschen mag das wenig erscheinen, sind sie es doch gewohnt, mehrere Tage auf eine Antwort zu warten. Uns war das jedoch nicht schnell genug.

Also setzten wir uns ein Ziel: eine Stunde. In dieser Zeit sollte der Großteil der vielen hundert Kunden, die uns täglich E-Mails schrieben, eine Antwort erhalten. Ganz ohne automatische E-Mails, stattdessen echte Menschen und echt schnell.

Um dies zu erreichen, stellten wir zusätzliche Mitarbeiter ein, posteten unser Schnelle-Antwort-Versprechen prominent auf unserer Website, reagierten auf Anfragen immer schneller und strotzten zunehmend vor Stolz über unsere neue Leistung.

Mit der Zeit wollten wir mehr. „Wenn wir das in einer Stunde schaffen, warum dann nicht auch in einer halben?" Also taten wir dies. Warum dann nicht auch in 15 Minuten? Gesagt, getan. WARUM DANN NICHT AUCH IN ZWEI MINUTEN? UND. SO. WEITER.

Ohne Witz: zwei Minuten. Manche von uns brauchten sogar nur eine Minute.

Und wieso auch nicht? Wieso sollten wir nicht versuchen, so schnell wie möglich zu sein? Das erwarten die Leute doch, richtig?

Falsch.

Jeden Tag hunderte von Mails jeweils innerhalb von ein oder zwei Minuten zu beantworten, hält man auf Dauer nicht durch. Das Team, das zu Anfang so stolz war, diese Zeiten zu schaffen, geriet zunehmend unter Stress. Einige fühlten sich regelrecht schlecht, wenn sie für eine Antwort drei statt durchschnittlich zwei Minuten brauchten.

Stellen Sie sich das mal vor: Man fühlt sich *schlecht*, weil man drei Minuten braucht, um einem Kunden zu antworten! Wir hatten uns in einem unerreichbaren Ziel verfangen, geleitet von der Annahme, dass es den Kunden gar nicht schnell genug gehen könne. Dieses Ziel forderte nun seinen Tribut. Klar, es war schon beeindruckend, dass es überhaupt *funktionierte*. Ob es aber auch *sinnvoll* war, verloren wir dabei völlig aus dem Blick.

Also zogen wir die Reißleine.

Natürlich waren die Kunden von unserer schnellen Reaktionszeit begeistert. Diese Rückmeldung bekamen wir ständig. Sie waren regelrecht beeindruckt. Wie sich jedoch herausstellte, waren sie genauso beeindruckt, wenn wir ihnen innerhalb von fünf oder zehn Minuten, ja sogar einer Stunde antworteten. Denn sie gingen davon aus, dass sie entweder gar keine Antwort erhalten würden oder man sich erst Tage später bei ihnen melden würde. Dass sie dann innerhalb von 15 Minuten eine Antwort erhielten, überstieg ihre kühnsten Erwartungen.

Wir mussten also einfach schnell genug sein – und 15 Minuten war definitiv schnell genug. Auch eine Stunde war immer noch schnell genug.

Zusätzlich hat es den Druck aus dem Team genommen. Alle entspannten sich. Plötzlich hatte jeder Zeit, nachzudenken, nach Lösungen zu suchen und eine Antwort zu formulieren. Und alles wurde besser: Unsere Kunden waren immer noch begeistert von unserem schnellen Service, der zwar etwas langsamer war als zuvor, aber immer noch wesentlich schneller als bei der Konkurrenz. Und unsere Mitarbeiter entspannten sich und leisteten bessere Arbeit. Eine Win-win-Situation also.

Tatsächlich war es nicht nur genug – es war mehr als genug.

Worst Practices

In jeder reifen Branche wimmelt es nur so von Best Practices.
Es gibt Best Practices zu der Frage, wie man seine Preise fest-
setzt, Mitarbeitergespräche führt, Content-Marketing be-
treibt, eine Website designt oder eine App für Millionen von
Nutzern ausbaut. Ultimative Tipps gibt es wie Sand am Meer.

Das meiste davon ist nicht einfach nur Bullshit, sondern
kann schwerwiegende Folgen haben. Eine vermeintliche
Best Practice, die für ein Unternehmen mit zehntausend Mitarbeitern gilt, hilft Unternehmen mit zehn Mitarbeitern nur
selten.

Auch wir mussten diese Erfahrung machen: Unsere internen
Best Practices, die wir etabliert hatten, als unser Team sieben
Mitarbeiter umfasste, funktionierten nicht mehr, also wir
plötzlich dreißig waren; sie behinderten uns sogar. Immer
wieder fielen wir auf Praktiken herein, die in der Vergangenheit gut funktioniert hatten, mittlerweile aber überholt
waren.

Dabei geht es nicht nur um die Unternehmensgröße, die unterschiedlich ist. Es geht um viele Dinge: Bieten Sie einen Service für eine monatliche Gebühr an oder bezahlt der Kunde
einmalig für ein Produkt? Dies erfordert zwei verschiedene
Vorgehensweisen. Entwickeln Sie ein Design lediglich für
eine coole iPhone-App oder soll es auch für Android, Web und
E-Mail funktionieren? Zwei verschiedene Vorgehensweisen.
Haben Sie Ihr Unternehmen gegründet, damit es lange besteht, oder hatten Sie von Anfang an eine Exit-Strategie im
Kopf? Zwei verschiedene Vorgehensweisen. Arbeiten Ihre

Mitarbeiter schon lange zusammen oder bilden Sie gerade ein völlig neues Team? Zwei verschiedene Vorgehensweisen!

Es gibt viele Gründe, aus denen man Best Practices skeptisch begegnen sollte. Einer der wichtigsten ist, wenn diese Praktiken ausschließlich auf Grundlage einer Sicht von außen auf ein Unternehmen abgeleitet werden: „Die zehn besten Praktiken, wie Apple seine Produkte entwickelt." Hat die Person, die dies schreibt, jemals als Produktentwickler bei Apple gearbeitet? Nein. Diese Leute gründen ihre Schlussfolgerungen allein auf Annahmen darüber, wie die Dinge vermutlich funktionieren. Wer allerdings nicht selbst dabei war, hat kein Recht, etwas als Best Practice zu verkaufen.

Darüber hinaus sind viele Best Practices reine Folklore. Niemand weiß, woher sie kommen, wie sie entstanden sind und warum sie immer noch befolgt werden. Aufgrund ihres starken Labels „Best Practice" werden sie jedoch nicht hinterfragt. Irgendjemand, weit klüger als wir, muss sie wohl aufgestellt haben. Und jeder, der sie befolgt, ist ja auch erfolgreich, oder etwa nicht? Wenn wir das nicht sind, liegt das wohl an uns und nicht an den Best Practices, richtig? Die Unsicherheit, die aus diesen Zeilen spricht, zeigt bereits, dass es sich hierbei sehr wahrscheinlich um falsche Gewissheiten handelt.

Best Practices implizieren zudem, dass es auf jede Frage nur eine einzig richtige Antwort gibt. Dass man gar keine andere Wahl hat. Lassen Sie sich davon nicht beirren: Sie haben immer eine Wahl.

Das bedeutet jedoch nicht, dass Best Practices völlig wertlos sind. Sie sind wie Stützräder: Wenn Sie Schwierigkeit haben, das Gleichgewicht zu halten, oder nicht wissen, wie kräftig Sie in die Pedale treten sollen, helfen Best Practices Ihnen, trotzdem voranzukommen. Dabei sollten sie jedoch immer kritisch hinterfragt werden.

Zuletzt sollte noch erwähnt werden, dass Sie keine entspann-te Arbeitskultur etablieren können, wenn Sie sich ständig darum sorgen, was denn nun die Best Practice vorschreibt und ob Sie dem folgen oder gerade in die entgegengesetzte Richtung laufen. Finden Sie stattdessen heraus, was für Ihr Unternehmen funktioniert, und halten Sie sich daran. Entwickeln Sie Ihre eigenen Praktiken und Muster. Wen interessiert es, ob diese auch für andere die besten sind?

DER SCHRIFTSTELLER HARUKI
MURAKAMI HAT ZAHLREICHE
INTERNATIONALE BESTSELLER
GESCHRIEBEN. ER GEHT JEDEN
TAG UM 21 UHR INS BETT.

Nicht um jeden Preis

„Tun Sie es – um jeden Preis!" Hört sich gut an, oder? Aus kaum einer anderen Formulierung spricht so viel Inspiration, Bestreben und Ehrgeiz. Es ist der Schlachtruf von Wirtschaftskapitänen und Kriegsgenerälen gleichermaßen. Wer wäre nicht gern solch ein Held und Anführer?

In unserem Kontext geht es jedoch nicht darum, einen Hügel an der Küste der Normandie einzunehmen. Sie versuchen wahrscheinlich bloß, eine beliebige Deadline einzuhalten, die von jemandem gesetzt wurde, der sich selbst nicht die Finger schmutzig machen muss. Oder eine äußerst fantasievolle, überhöhte Zielvorgabe zu erfüllen, die niemand, der für die tatsächliche Erfüllung zuständig ist, als realistisch einstufen würde.

Etwas um jeden Preis zu tun, ist wie ein Eisberg: Umschiffen Sie ihn großzügig, damit er Ihr Schiff nicht zum Sinken bringt. Sie müssen nur mal Edward Smith, den Kapitän der *Titanic*, fragen. Er hatte seiner Mannschaft befohlen, alles dafür zu tun, damit das Schiff den Hafen von New York schneller erreiche als erwartet. Er wollte um jeden Preis einen Rekord aufstellen. Wie die Geschichte ausging, wissen Sie ja.

Etwas um jeden Preis erreichen zu wollen, bedeutet, sich von realistischen Erwartungen zu verabschieden. Sie wissen dann bereits im Vorfeld, dass Sie die Schwierigkeiten und Komplexität auf dem Weg zur Zielerreichung vollkommen unterschätzen. Mit ziemlicher Sicherheit haben Sie bei der Devise „um jeden Preis" die dafür nötige Zeit, Energie und finanziellen Mittel buchstäblich nicht bepreist, also nicht eingeplant. Wenn man die Kosten, den Preis, jedoch außer Acht lässt, ist von vornherein klar, dass sie in exorbitante Höhen steigen werden.

Dann werden Sie mit ziemlicher Sicherheit auch nicht Nein sagen zu all den Dingen, auf die Sie verzichten müssen, weil Sie schließlich Ja gesagt haben zu „um jeden Preis".

„Um jeden Preis" bedeutet, dass Sie am Mittwoch wahrscheinlich bis 22 Uhr im Büro sitzen werden. Und am Donnerstag. Und am Freitag.

„Um jeden Preis" bedeutet schlampige Arbeit, damit Sie überhaupt etwas abliefern können.

„Um jeden Preis" bedeutet auch, dass Ihr Chef jemand anderen findet, wenn Sie es nicht tun, und dieser jemand wird es dann tun (und ertragen).

Wenn Sie bereits lange im Geschäft sind, wissen Sie, dass es sie gibt – diese seltenen Momente, in denen „um jeden Preis" wirklich das Gebot der Stunde ist. Ein echter und wahrhaftiger Notfall. Wenn Sie zum Beispiel andernfalls Ihre Mitarbeiter nicht bezahlen könnten. Oder wenn Nichthandeln dem Ruf Ihres Unternehmens nachhaltig schaden würde. Ja, es gibt diese Momente. Sie sind aber, wie gesagt, äußerst selten. Extremsituationen. Gründen Sie Ihr tägliches Geschäft nicht auf die Angst vor derartigen Sonderfällen.

Bei Basecamp haben wir das folgendermaßen gelöst: Anstatt zu verlangen, dass etwas um jeden Preis geschehen muss, fragen wir lieber: Welcher Preis ist nötig? Das ist ein Gesprächsangebot, eine Einladung, sich über das Vorgehen auszutauschen, Kompromisse und Abstriche zu machen, einen einfacheren Weg zu finden oder zu dem Schluss zu kommen, das Ganze zu lassen. Durch Fragen ergeben sich Optionen – Anordnungen von oben zerstören diese nur.

Weniger Arbeit haben

Zeitmanagement-Tipps, Lebenstipps, Schlaftipps und Tipps für effektiveres Arbeiten haben eines gemeinsam: Sie zeigen, wie fanatisch wir versuchen, unserem Tag mehr Stunden abzuringen. Das Problem besteht jedoch nicht darin, herauszufinden, wie man seinen Tagesablauf so umstrukturiert, dass man mehr Zeit zum Arbeiten hat. Das Problem besteht darin, dass man zu viel Mist zu tun hat.

Die einzige Möglichkeit, mehr Arbeit zu schaffen, ist, weniger Arbeit zu haben.

Nur wenn Sie Nein sagen, können Sie wirklich etwas von Ihrer Zeit zurückgewinnen. Die Lösung besteht nicht darin, zwölf Dinge neu zu organisieren, damit man sie in anderer Reihenfolge erledigen kann, oder sich eine Stoppuhr zu stellen, um zu wissen, wann man mit der nächsten Sache beginnen sollte. Streichen Sie lieber sieben von den zwölf Dingen auf Ihrer Liste – dann haben Sie genug Zeit für die fünf Dinge, die übrigbleiben. Es geht nicht um Zeitmanagement, sondern um Aufgabeneliminierung. Wer Ihnen ein anderes Rezept empfiehlt, ist ein Quacksalber.

Der Managementexperte Peter Drucker brachte dies bereits vor Jahrzehnten auf den Punkt: „Es gibt nichts Sinnloseres, als etwas effizient zu tun, was man gar nicht tun müsste." Das sitzt.

Bei Basecamp sind wir mittlerweile gnadenlos: Wir streichen alle Aufgaben, die nicht erledigt werden müssen oder die wir nicht erledigen wollen. Beispielsweise haben wir in der Vergangenheit Zahlungen sowohl per Scheck als auch per

Kreditkarte akzeptiert. Da die Zahlung per Kreditkarte vollständig automatisiert ablief, musste sich keiner unserer Mitarbeiter darum kümmern. Schecks dagegen kamen per Post. Also musste sie jemand in Empfang nehmen, sie bearbeiten, sich mit falschen Beträgen herumschlagen und die Schecks dem jeweiligen Posten zuordnen usw.

Manche Unternehmen hätten wahrscheinlich jemanden eingestellt und mit dieser spezifischen Tätigkeit beauftragt. Andere hätten vielleicht erwogen, Zeit und Geld in die Hand zu nehmen, um den Prozess mithilfe moderner Technologien zu automatisieren. Wir entschlossen uns jedoch dazu, keine Schecks mehr anzunehmen. Ja, dadurch verzichteten wir bewusst auf Umsatz und Kunden, die nur mit Schecks bezahlen konnten. Für uns war das allerdings kein Verzicht, sondern ein Tauschhandel. Wir tauschten Umsatz gegen Zeit.

Anstatt jemanden damit zu beauftragen, sich Zeit für die manuelle Scheckbearbeitung freizuschaufeln, strichen wir diese Aufgabe komplett, indem wir Nein sagten – Nein zu weiteren Zahlungen per Scheck.

Und so gibt es mit Sicherheit viele weitere Dinge, die wir gar nicht tun müssten. Deshalb halten wir stets Ausschau, um sie eines Tages aufzuspüren. Nicht, um sie als erledigt abzuhaken, sondern um sie ein für alle Mal zu eliminieren.

Drei ist die magische Zahl

Der Großteil der Produktentwicklung bei Basecamp erfolgt in Dreierteams. Drei ist unsere magische Zahl. Ein Dreierteam besteht in der Regel aus zwei Programmierern und einem Designer. Wenn es nicht drei sind, sind es meist einer oder zwei, nicht vier oder fünf. Um ein Problem zu lösen, holen wir nicht mehr Leute dazu, sondern wir zerlegen das Problem in kleinere Aufgaben, die dann von jeweils drei Mitarbeitern zu Ende geführt werden können.

Meetings gibt es bei Basecamp so gut wie nie. Wenn doch mal eine Besprechung nötig ist, sitzen selten mehr als drei Leute am Tisch. Das Gleiche gilt für Telefonkonferenzen oder Videochats. Jedes Gespräch, an dem mehr als drei Personen teilnehmen, ist ein Gespräch zwischen zu vielen Leuten.

Aber was passiert, wenn fünf verschiedene Abteilungen in ein Projekt oder eine Entscheidung involviert sind? Nichts, denn das gibt es bei uns nicht. Projektarbeit ist bei uns ganz bewusst nicht so angelegt.

Aber was hat es nun mit der Drei auf sich? Drei ist wie ein Keil. Deshalb funktioniert es. Drei hat eine Ecke. Drei ist eine ungerade Zahl, also gibt es kein Unentschieden. Drei ist stark genug, eine Delle zu hinterlassen, aber gleichzeitig zu schwach, um zu zerstören, was funktioniert. Große Teams machen dagegen meistens alles nur schlimmer, indem sie zu viel Kraft auf Dinge ausüben, die eigentlich nur den letzten Feinschliff benötigen.

Bei vier Leuten haben Sie das Problem, dass Sie meist noch einen fünften dazuholen müssen, damit es funktioniert.

Und fünf Leute sind wiederum zu viel. Ein Team mit sechs, sieben oder gar acht Mitarbeitern verkompliziert die Dinge unweigerlich. Die Arbeit nimmt nicht nur zu, je mehr Zeit zur Verfügung steht; sie nimmt auch zu, je größer das Team ist. Ein überschaubares, kurzes Projekt wird schnell zu einem umfangreichen, langen Projekt, wenn es nur genügend Mitarbeiter gibt, die daran arbeiten.

Große Dinge können Sie auch mit kleinen Teams vollbringen. Wesentlich schwieriger ist es dagegen, kleine Dinge mit großen Teams zu bewerkstelligen. Dabei sind kleine Dinge völlig ausreichend. Ab und zu ein großes Ding zu drehen, ist schon cool. Die meisten Verbesserungen erzielt man jedoch mit vielen kleinen Schritten – kleine Schritte, die große Teams mit ihren großen Schritten gar nicht machen können.

Drei zwingt zu Ehrlichkeit. Es hält den eigenen Ehrgeiz wunderbar im Zaum. Drei verlangt, dass Sie Kompromisse machen. Aber was noch wichtiger ist: Drei reduziert Fehlkommunikation und ermöglicht eine bessere Koordination. Drei Leute können direkt miteinander sprechen, ohne auf Hörensagen zurückgreifen zu müssen. Zudem ist es wesentlich einfacher, die Terminkalender von drei Mitarbeitern zu koordinieren als von vier oder mehr.

Wir lieben die Zahl Drei.

Bleiben Sie bei der Sache

Wenn der Vorgesetzte ständig Mitarbeiter von einem Projekt abzieht, um ein anderes Projekt zu verfolgen, kriegt keiner irgendwas gebacken.

Dieses Abziehen von Mitarbeitern kann verschiedene Gründe haben. Am häufigsten liegt es jedoch daran, dass ein Vorgesetzter eine neue Idee hat, die EINFACH NICHT WARTEN KANN.

Diese unausgegorenen Ideen, die immer genau dann auftauchen, wenn man gerade mitten in einer anderen Sache steckt, führen zu halbfertigen, abgebrochenen Projekten, die die Landschaft vermüllen und die Arbeitsmoral in den Keller treiben.

Bei Basecamp stürzen wir uns deshalb nicht gleich auf jede neue Idee, sondern lassen sie erst einmal ruhen – in der Regel mehrere Wochen. In dieser Zeit zeigt sich schon, ob man eine Idee wieder völlig vergisst oder ob man sie einfach nicht mehr aus dem Kopf bekommt.

Diese Zeit des Ruhenlassens haben wir, weil unsere Projekte nicht ewig laufen – maximal sechs Wochen, meistens sogar weniger. So haben wir auf ganz natürliche Weise alle paar Wochen Gelegenheit, neue Ideen zu prüfen. Wir müssen dann ein laufendes Projekt nicht abkürzen, um etwas Neues beginnen zu können. Zuerst beenden wir das, was wir begonnen haben, dann überlegen wir, was wir als Nächstes angehen. Wenn erst einmal die Dringlichkeit des „Jetzt sofort" verschwunden ist, verschwindet auch die Anspannung.

Durch diese Herangehensweise vermeiden wir auch, dass sich unfertige Arbeit stapelt. Denn wer will schon eine Kiste voll mit abgestandener Arbeit? Die Bereitstellung ist das, was Zufriedenheit bringt: eine gute Arbeit abschließen, veröffentlichen – und dann auf zur nächsten Idee.

Übrigens verrät einem der nächste Tag (oder die nächste Woche) häufig, ob man richtig lag. Es lohnt sich immer, über eine Sache zu schlafen. Vielleicht wachen Sie dann am nächsten Morgen auf und stellen fest, dass das, was gestern noch wie die beste Idee aller Zeiten klang, heute gar nicht mehr so wichtig ist. Ab und zu eine Pause einzulegen, verändert den Blick auf die Dinge.

Nehmen Sie sich also ein paar Minuten und bündeln Sie Ihre Energie, um das zu Ende zu bringen, was Sie angefangen haben. Erst wenn eine Sache erledigt ist und Sie bereit für die nächste Aufgabe sind, sollten Sie überlegen, wie diese Aufgabe konkret aussieht.

Lernen Sie, Nein zu sagen

Nein lässt sich leichter tun.

Ja lässt sich leichter sagen.

Nein ist eine Sache.

Ja bedeutet, zu tausend Sachen Nein zu sagen.

Nein ist ein Präzisionswerkzeug, ein Chirurgenskalpell, ein Laserstrahl, der punktgenau zielt.

Ja ist ein stumpfer Gegenstand, ein Knüppel, ein Fischernetz, das wahllos alles fängt.

Nein ist konkret.

Ja ist allgemein.

Wenn Sie zu einer Option Nein sagen, ergeben sich daraus viele weitere Optionen. Morgen können Sie wieder genauso offen Neuem gegenüber sein, wie Sie es heute sind.

Wenn Sie dagegen zu einer Sache Ja sagen, sind die Würfel gefallen. Damit schließen Sie alle weiteren Optionen aus und der nächste Tag ist um einiges beschränkter.

Wenn Sie jetzt Nein sagen, können Sie später immer noch Ja sagen.

Wenn Sie jetzt Ja sagen, wird es schwierig, später noch Nein zu sagen.

Nein sagen ist schwierig, bedeutet aber Ruhe.

Ja sagen ist einfach, führt aber zu Stress.

Zu wissen, wozu man Nein sagt, ist besser, als zu wissen, wozu man Ja sagt.

Lernen Sie, Nein zu sagen.

DER KOMPONIST GUSTAV MAHLER
SCHRIEB SEINE SYMPHONIEN
WÄHREND EINSAMER SOMMER IN
DEN ALPEN. DORT WOHNTE ER
IN EINER KLEINEN HÜTTE UND
MACHTE NACH GETANER ARBEIT
STUNDENLANGE SPAZIERGÄNGE.

Kümmern Sie sich um Ihre Dinge

Risiko ja, Gefahr nein

Viele Entrepreneure sind süchtig nach Risiken. Je größer das Risiko, desto besser. Sie lieben den Nervenkitzel, das Adrenalin und den Ruhm, die entstehen, wenn man in der Luft hängt zwischen „Alles gewinnen" oder „Alles verlieren". Wir nicht.

Wir müssen uns nicht am Risiko aufputschen, um Begeisterung für unsere Arbeit zu entwickeln. Ja, wir gehen Risiken ein. Dabei bringen wir aber nicht das Unternehmen in Gefahr.

Letztens haben wir zum Beispiel etwas getan, das dem einen oder anderen extrem riskant erscheinen mag: Wir haben den Einstiegspreis für Basecamp mehr als verdreifacht – von 29 auf 99 US-Dollar pro Monat. Gleichzeitig haben wir einige umfangreiche Verbesserungen am Produkt vorgenommen. Und der neue Preis galt auch nicht für alle – bestehende Kunden waren von der Neuregelung ausgenommen. Neukunden, die sich für Basecamp anmeldeten, nachdem wir die Preisänderung vorgenommen hatten, zahlten jedoch 99 US-Dollar pro Monat.

Haben wir das zuvor getestet? Nein. Haben wir unsere Zielgruppe gefragt, ob sie bereit wäre, mehr zu zahlen? Nein. Waren wir uns sicher, dass es funktionieren würde? Keineswegs. Ganz schön riskant, was?

Aber mal ehrlich: Welches Risiko bestand wirklich? Würden wir pleitegehen, wenn es nicht funktionieren sollte? Nein. Müssten wir Leute entlassen, falls dieses gewagte Experiment scheiterte? Nein. Warum nicht? Weil wir bereits eine breite Kundenbasis von einhunderttausend Kunden hatten, die ja den alten Preis zahlte.

Wir gaben uns sechs Monate, um zu sehen, ob es funktionierte. In dieser Zeit konnten wir es ja noch optimieren: ein erster großer Schritt und dann nach und nach viele weitere kleine Schritte. Und sollte unser Vorhaben scheitern, könnten wir die Preisänderung einfach zurücknehmen. Es war also ein kontrolliertes, berechenbares Risiko – ausgestattet mit einem Sicherungsseil.

Wie sich herausstellte, war die Verdreifachung des Einstiegspreises ein Riesenerfolg. Wir verloren zwar einige Neuanmeldungen, konnten diesen Verlust aber durch den höheren Preis mehr als wettmachen. Genau das war unser Ziel gewesen. Volltreffer!

Ein Risiko einzugehen, bedeutet nicht, dass man leichtsinnig sein muss. Man ist kein Stück mutiger oder heldenhafter, wenn man sich selbst oder sein Unternehmen unnötig in Gefahr bringt. Eine kluge Wette zeigt sich darin, dass man erneut zum Zug kommt, wenn die Dinge nicht so laufen sollten wie erhofft.

Zelebrieren Sie die Abwechslung

Veränderung erscheint häufig anstrengend. Das andere Extrem, die Monotonie, kann jedoch noch schädlicher sein. Immer die gleiche Arbeit im immer gleichen Tempo zu verrichten, hält man nur eine gewisse Zeit lang durch, bevor sich Langeweile einstellt.

Als Kind ist das Leben von den Jahreszeiten geprägt. Selbst wenn Sie in einer Region der Erde leben, in der das Wetter sich nicht ändert, folgt das Jahr einem ganz bestimmten Rhythmus: Schule und Ferien. Jeden Monat passieren andere Dinge.

Wenn Sie jedoch nicht in einer saisonalen Branche arbeiten, unterscheidet sich Ihre Tätigkeit im März nicht von dem, was Sie im Mai tun. Auch Juni und Januar gleichen sich. Und das, was Sie im Dezember geschafft haben, lässt sich kaum von dem unterscheiden, was Sie im Februar erledigt haben. Bei Basecamp ist das anders.

Die Sommermonate (zumindest auf der Nordhalbkugel) genießen wir, indem wir einen Tag pro Woche weniger arbeiten. Von Mai bis September arbeiten wir nur vier Tage die Woche, insgesamt 32 Stunden. Dabei geht es nicht darum, mehr Arbeit in weniger Stunden zu schaffen. Also passen wir unsere Erwartungen entsprechend an. Im Winter legen wir uns dann ins Zeug und nehmen größere und komplexere Projekte an. Der Sommer mit seinen kürzeren 4-Tage-Wochen ist dagegen für einfachere, kleinere Projekte reserviert.

Den Jahreszeitenwechsel begehen wir auch außerhalb des Büros. So ermöglichen wir unseren Mitarbeitern beispielsweise die Beteiligung an einer lokalen landwirtschaftlichen Versorgungsgemeinschaft, die ihnen jede Woche regionales, saisonales Obst und Gemüse auf den Küchentisch zaubert. Diese Leistung erhalten sie das gesamte Jahr über, die Menge ist naturbedingt jedoch von der Jahreszeit abhängig. Was für eine köstliche, gesunde Art und Weise, Veränderung zu zelebrieren!

Ob in Bezug auf Arbeitszeiten, die Komplexität der Aufgaben oder saisonabhängige Mitarbeitervergünstigungen: Es gibt viele Wege, die Monotonie im Büro zu durchbrechen. Finden Sie den Ihren. Denn Mitarbeiter werden schnell unflexibel und gelangweilt, wenn sie zu lange im immer gleichen Rhythmus arbeiten.

Schwarze Zahlen sorgen für Entspannung

Unser Unternehmen war vom ersten Monat nach der Gründung im Jahr 1999 an profitabel. Und daran hat sich bis heute nichts geändert.

Natürlich war auch eine Portion Glück mit dabei. Wir haben uns aber stets ganz bewusst nicht übernommen. Wir behielten unsere Kosten immer im Blick und haben nie eine Entscheidung getroffen, bei der wir von den schwarzen in die roten Zahlen gerutscht wären.

Warum? Weil man dem Wahnsinn die Tür öffnet, wenn man rote Zahlen schreibt. Schwarze Zahlen sorgen dagegen für Ruhe und Entspannung.

Bevor Ihr Unternehmen nicht profitabel ist, stehen Sie immer kurz vor dem Abgrund. Sie rollen mit Volltempo auf der Startbahn, immer in der Sorge, ob Sie rechtzeitig abheben. Oder ob Sie Ihre Mitarbeiter am Monatsende bezahlen können. In einer solchen Umgebung stehen alle unter Druck.

Wenn ein Unternehmen Miese macht, sorgen sich die Mitarbeiter um ihren Arbeitsplatz. Sie sind schließlich nicht dumm und wissen: Je schneller die finanziellen Mittel aufgebraucht sind, desto eher sind die guten Zeiten vorbei. Und damit drohen Entlassungen. Sie aktualisieren also schon mal ihre Lebensläufe.

Auch Umsatz allein ist noch keine Rettung. Denn Umsatz ohne Gewinnmarge schützt Sie nicht. Sie können Umsatz generieren und dennoch pleitegehen. Viele Unternehmen mussten das schmerzhaft erfahren. Nur wenn Sie Gewinn machen, sind Sie auf der sicheren Seite.

Gewinn verschafft Ihnen Zeit zum Nachdenken und Raum zum Experimentieren. Sie sind dann Herr über Ihr Schicksal und Ihren Zeitplan.

Ohne Gewinn jedoch brennt es immer irgendwo. Wenn man von Cash-Burn-Rates spricht, brennt es tatsächlich an zwei Stellen: beim Geld und bei den Mitarbeitern. Die erste Gruppe verbrauchen Sie, die zweite Gruppe verheizen Sie.

DIE ASTROPHYSIKERIN SANDRA FABER, DIE FÜR IHRE WEGWEISENDE FORSCHUNG AUF DEM GEBIET DER DUNKLEN MATERIE UND DER ENTSTEHUNG VON GALAXIEN BERÜHMT WURDE, FOLGT IN IHRER ARBEIT EINEM STRENGEN TAGESABLAUF. DIE ABENDE UND WOCHENENDEN GEHÖREN IHRER FAMILIE.

Danke, kein Bedarf

Die schlimmsten Kunden sind diejenigen, die zu verlieren Sie sich nicht leisten können. Die großen Kolosse, bei denen bereits das kleinste Anzeichen von Unzufriedenheit mit Ihrer Leistung genügt, Sie völlig aus dem Konzept zu bringen und in höchste Anspannung zu versetzen. Das sind die Kunden, die Ihnen nachts den Schlaf rauben.

Die meisten Anbieter von Business-Software werden leider magisch angezogen vom Sirenengesang dieser Big Player. Aus einem einfachen Grund: Die meisten Enterprise-Software-Lizenzen werden pro Arbeitsplatz verkauft.

Wenn Sie zum Beispiel ein kleines Unternehmen mit sieben Mitarbeitern als Kunden haben und pro User 10 US-Dollar einnehmen, macht das im Monat 70 US-Dollar. Wenn Sie dagegen einen Kunden mit 120 Mitarbeitern an Land ziehen, bei dem Sie ebenfalls 10 US-Dollar pro User verlangen, verdienen Sie monatlich 1.200 US-Dollar. Sie können selbst ausrechnen, was das bei einem 1.200 oder 12.000 Mitarbeiter starken Unternehmen bedeuten würde.

Das erklärt, warum Großkunden so attraktiv sind – und süchtig machen.

Bei Basecamp haben wir dieses Lizenz-pro-Arbeitsplatz-Modell von Anfang an ausgeschlossen. Nicht weil uns Geld nicht wichtig ist, sondern weil uns unsere Freiheit wichtiger ist!

Das Problem mit dem Modell „Lizenz pro Anwender" besteht darin, dass Sie dadurch Ihre größten Kunden zu Ihren wichtigsten Kunden machen. Mit Geld steigen bekanntlich Einfluss und Macht. Und diese bedingen Ihre Entscheidungen, für wen und was Sie Zeit investieren. Wenn das Geld erst einmal fließt, ist es praktisch unmöglich, diesem Druck zu widerstehen. Es sei denn, man dreht den Hahn wieder zu.

Bei Basecamp handhaben wir es genau andersherum: Wenn Sie unser Produkt zum heutigen Zeitpunkt erwerben, zahlen Sie eine feste monatliche Gebühr von 99 US-Dollar – unabhängig davon, ob Sie 5, 50, 500 oder 5.000 Mitarbeiter haben. 99 US-Dollar – das war's.

Auf den ersten Blick erscheint solch ein Modell vollkommen unsinnig. Selbst ein MBA-Student im ersten Semester könnte Ihnen das sagen: „Ihnen entgeht ein Haufen Geld! Ihr größter Kunde kommt dabei viel zu günstig weg! Er würde nicht mal mit der Wimper zucken, wenn Sie das Zehn- oder Hundertfache verlangen würden!"

Danke für den Hinweis, aber kein Bedarf. Und zwar aus folgenden Gründen:

Erstens laufen wir so keine Gefahr, dass ein Kunde, der mehr zahlt, uns seine Wünsche und Vorstellungen in Bezug auf neue Funktionen oder Verbesserungen diktieren kann. Damit sind wir frei, Software nach unseren Vorstellungen und für eine breite Kundenbasis zu entwickeln, statt auf Geheiß eines einzelnen oder einer Handvoll privilegierter Kunden. Es ist so viel einfacher, das Richtige für die Vielen zu entwickeln, wenn man nicht ständig mit der Sorge leben muss, dies könnte einigen Topkunden nicht gefallen.

Zweitens haben wir Basecamp für kleine Unternehmen wie uns selbst konzipiert, die zu den Fortune 5.000.000 gehören. Unser Ziel war es nicht allein, Softwareprodukte für diese Unternehmen zu entwickeln – wir wollen ihnen wirklich eine Hilfe bieten. Um ehrlich zu sein, sind uns die Fortune 500 sogar ziemlich egal. Diese Großkonzerne sind sowieso völlig unbeweglich und dadurch veränderungsresistent. Bei den Fortune-5.000.000-Unternehmen können wir dagegen wirklich etwas bewirken, was eine weitaus befriedigendere Tätigkeit darstellt.

Drittens wollten wir uns nicht in den Abläufen verlieren, die man unweigerlich braucht, wenn man Großkunden gewinnen will: Key-Account-Manager, Vertriebsmeetings, den Kunden Honig ums Maul schmieren. Die Regeln, nach denen der Vertrieb spielt, sind bestens bekannt und so gar nichts für uns. Sie lassen sich jedoch nicht vermeiden, wenn man erst einmal den großen Fischen mit ihren dicken Schecks die Tür geöffnet hat. Auch hier gilt wieder: Danke, kein Bedarf.

Warum dann nicht einfach beides machen: ein Geschäftsmodell für kleine Unternehmen entwickeln und ein Team von Mitarbeitern für die Betreuung der Big Player einsetzen? Ganz einfach: weil wir kein Unternehmen mit zwei Köpfen sein möchten, in dem zwei unterschiedliche Kulturen herrschen. Für den Vertrieb an kleine Unternehmen braucht man einen ganz anderen Ansatz und ganz andere Leute als bei Großunternehmen.

Auf dem Weg zu einer entspannten Arbeitskultur sollte man sich bewusst machen, wer man ist, wem man seine Leistungen anbietet – und wem eben nicht. Es geht darum, zu wissen, in welche Richtung man sich verbessern will. Dabei gibt es nicht die eine richtige Entscheidung. Gar keine Entscheidung zu treffen oder gar zu zaudern, ist aber definitiv die falsche Entscheidung.

Der Markt lügt nicht

Wenn Sie wissen möchten, ob das Produkt, das Sie entwickelt haben, auch funktioniert, müssen Sie es auf den Markt bringen. Sie können noch so viel testen, brainstormen, diskutieren und Marktforschung betreiben – erst, wenn Sie das Produkt ausgeliefert haben, wissen Sie, ob es den Praxistest besteht.

Ist es gut genug? Löst es ein tatsächliches Problem? Hätten wir etwas besser machen können? Ist es das, was die Kunden wollen? Wird es überhaupt jemand kaufen? Ist der Preis der richtige? – Das sind alles gute Fragen!

Intern können Sie diese bis zum Sankt-Nimmerleins-Tag diskutieren, was viele Unternehmen auch tun. Das liefert jedoch meist keine Antworten, sondern sorgt nur für Unruhe. Die Folge: In den Bürofluren rund um den Globus machen sich Zweifel, Angst und Unsicherheit breit.

Wozu das alles? Tun Sie einfach Ihr Bestes, glauben Sie an Ihr Produkt, und bringen Sie es an den Mann. Danach sind Sie schlauer.

Vielleicht ist Ihr Produkt genau das Richtige. Vielleicht floppt es. Vielleicht liegt es auch irgendwo dazwischen. Das finden Sie nur heraus, wenn Sie es auf den Markt bringen. Den echten Markt. Nur dort finden Sie die Wahrheit.

Sie können natürlich den Spezifikationen folgen. Sie können testen und testen. Sie können potenzielle Kunden fragen, welchen Preis sie für das Produkt oder den Service zu zahlen bereit sind. Sie können Umfragen machen und die Leute fragen, ob sie Ihr Produkt kaufen würden, wenn es dieses oder jenes kann.

Aber was bringt es Ihnen? Das sind alles simulierte Antworten – sie entsprechen nicht der Realität.

Echte Antworten bekommen Sie nur, wenn jemand Ihr Produkt wirklich kauft und es in seinem natürlichen Umfeld anwendet – und zwar freiwillig. Alles andere ist Simulation und simulierte Situationen führen zu simulierten Antworten. Nur wenn Sie das Produkt launchen, erhalten Sie echte Antworten.

Bei Basecamp halten wir uns strikt an diese Philosophie. Wir zeigen unsere Produkte nicht vorab einigen wenigen Kunden – alle Kunden bekommen sie gleichzeitig zu Gesicht. Wir führen keine Betatests mit Kunden durch und wir fragen sie nicht, wie viel sie für ein bestimmtes Produkt zahlen würden. Wir machen einfach den bestmöglichen Job und dann liefern wir die Software aus. Denn der Markt lügt nicht.

Ob uns dadurch Dinge entgehen, die wir wahrscheinlich entdeckt hätten, wenn wir vorab ein paar Leute gefragt hätten? Sicherlich. Aber zu welchem Preis? Die Kunden vorher alles testen zu lassen, ist zeitaufwendig und kostspielig. Zudem produziert es einen riesigen Berg an Feedback, das gesichtet, geprüft und diskutiert werden will, und am Ende muss jemand eine Entscheidung treffen. Vergessen Sie nicht: Zu diesem Zeitpunkt bewegen wir uns immer noch im Bereich der Vermutungen! Da geht ganz schön viel Energie drauf für Spekulationen.

Machen Sie also einfach Ihre Arbeit – und dann raus damit. Anschließend können Sie iterieren – auf der Basis von echten Erkenntnissen und echten Antworten von echten Kunden, die Ihr Produkt wirklich brauchen. Also erst launchen, dann lernen.

Machen Sie keine Versprechungen

Von Anfang an haben wir wenig davon gehalten, unseren Kunden Versprechungen hinsichtlich zukünftiger Produktoptimierungen zu machen. Denn wir wollten stets, dass sie das Produkt bewerten, das sie aktuell kaufen und nutzen können, nicht irgendeine imaginäre, zukünftige Version.

Deshalb haben wir uns auch nie auf eine Produkt-Roadmap eingelassen. Nicht etwa, weil wir in irgendeiner Rumpelkammer tatsächlich über ein solches Geheimdokument verfügen und es nur nicht zeigen wollen, sondern weil es so etwas bei uns einfach nicht gibt. Wir wissen schlichtweg nicht, woran wir in einem Jahr arbeiten werden, also wieso sollten wir so tun, als wüssten wir es?

Als wir allerdings vor Kurzem eine komplett neue Version von Basecamp gelauncht haben, haben wir uns doch zu einem Versprechen hinreißen lassen. Leider.

Die neue Version enthielt nämlich anfangs ein Feature, das unsere Kunden unbedingt haben wollten, nicht: Projektvorlagen. Wir erhielten immer mehr Anfragen und E-Mails. Und wir wollten das wirklich umsetzen, wir wussten nur nicht, wann. Also sagten wir den Leuten, dass sie bis Jahresende mit den Templates rechnen könnten. Damit hatten wir etwa acht Monate Zeit, was viel klingt. Darin eingerechnet waren aber weder die Zeit, die wir für die Umsetzung des Features brauchten, noch all die andere Arbeit, die wir in dieser Zeit zu erledigen hatten.

So wurde es März. Dann April. Dann Mai, Juni, Juli, August – und wir hatten immer noch nicht mit den Projektvorlagen begonnen! Als es dann September und schließlich Oktober wurde, schoben wir einige andere Dinge zur Seite, um unser Versprechen einzulösen und die Projektvorlagen noch vor Jahresende anbieten zu können. Sie wurden ein voller Erfolg und die Kunden liebten das neue Feature, wir mussten uns allerdings wirklich sputen. So ist das mit Versprechen: Sie führen dazu, dass man in Hektik verfällt, andere Dinge liegen lässt und die Arbeit neu ordnen muss. Darüber hinaus bereuten wir unser ursprüngliches Versprechen ein wenig: Es war uns damals doch etwas zu leicht über die Lippen gekommen.

Versprechen häufen sich an wie Schulden und die Zinsen kommen noch obendrauf. Je länger man damit wartet, sie zu begleichen, desto teurer wird es – und desto mehr bereut man seine ursprüngliche Entscheidung. Erst, wenn man sich tatsächlich an die Arbeit macht, erkennt man, wie teuer einen dieses anfängliche Ja zu stehen kommt.

Viele Unternehmen haben schwer zu tragen an den Verpflichtungen, die sie sich auferlegen, um andere zufriedenzustellen: der Vertriebler, der etwas verspricht, um ein Geschäft abzuschließen. Der Projektmanager, der etwas verspricht, um seinen Kunden bei Laune zu halten. Der Chef, der seinen Mitarbeitern Dinge verspricht. Versprechen lassen sich einfach und günstig machen; es ist die tatsächliche Arbeit, die anstrengend und teuer ist. Wäre es anders, hätte man die Sache schon längst erledigt, statt sie in Form eines Versprechens auf später zu verschieben.

DIE FRANZÖSISCHE
INTELLEKTUELLE UND
SCHRIFTSTELLERIN SIMONE
DE BEAUVOIR UNTERTEILTE
IHREN TAG, INDEM SIE SICH
JEDEN NACHMITTAG EINE
VIERSTÜNDIGE PAUSE GÖNNTE,
IN DER SIE FREUNDE BESUCHTE.

Ideendiebe

And if the whole world's singing your songs
And all of your paintings have been hung
Just remember what was yours
Is everyone's from now on
And that's not wrong or right
But you can struggle with it all you like
You'll only get uptight

          – Wilco, *What Light*

Wenn ein Mitbewerber Ihr Produkt kopiert, Ihr Design klaut oder Ihre Ideen stiehlt, können Sie sich natürlich furchtbar aufregen. Aber was bringt es Ihnen?

Sich darüber zu ärgern, schadet nur. Es entzieht Ihnen Energie, die Sie darauf verwenden könnten, noch besser zu werden. Es verstellt Ihren Blick auf den nächsten Schritt und hält Sie in der Vergangenheit gefangen. Wollen Sie das?

Glauben Sie wirklich, nur weil Sie angefressen sind, ereilt Ihren Konkurrenten plötzlich die Einsicht, dass er einen Fehler begangen hat? Wäre er zu einer solchen Wahrnehmung fähig, hätte er Ihr geistiges Eigentum erst gar nicht gestohlen.

Und glauben Sie wirklich, dass das Ihre Kunden juckt? Alles, was diese wollen, ist ein gutes Produkt zu einem unschlagbaren Preis. Die meisten haben weder die Zeit noch die Nerven, Ihnen zuzuhören, wie Sie sich bei ihnen darüber ausheulen, was die Konkurrenz mal wieder getan oder nicht getan hat.

Unsere Ideen wurden hundertfach gestohlen und kopiert (wobei „hundertfach" wahrscheinlich noch untertrieben ist) und unsere Produktdesigns wiederholt abgekupfert. Unsere Worte wurden umfunktioniert und gegen uns verwendet, unsere Ideen geklaut und anderweitig verwendet.

So ist das Leben! Wenn Sie Entspannung wollen, müssen Sie nach vorn schauen.

Zugegeben, uns hat das am Anfang schon gestört. In der Startphase, als alles noch so zerbrechlich war, bekamen wir leicht Panik, wenn wir feststellten, dass jemand unsere Ideen unter seinem Namen veröffentlicht hatte. Besonders schlimm ist es, wenn es sich dabei um eine schlechte Kopie handelt! Dann ist man einfach nur angepisst, dass jemand einen schlecht aussehen lässt.

Tatsächlich können Sie jedoch nicht viel dagegen unternehmen, es sei denn, Sie haben sich die Idee patentieren lassen. Im Übrigen schadet der Ideenklau dem Dieb mehr als dem Unternehmen, das kopiert wird. Wenn jemand Ihre Ideen kopiert, kopiert er lediglich einen bestimmten Augenblick. Er kennt weder die Überlegungen, die Sie an diesen Punkt gebracht haben, noch die zukünftigen Ideen, die Ihnen viele weitere dieser Augenblicke verschaffen werden. Er hat nur das, was Sie zurücklassen.

Entspannen Sie sich also. Sie können kurz frustriert sein, sollten die Sache dann aber zu den Akten legen.

Kontrollierte Veränderung

Man hört häufig, dass Menschen veränderungsresistent seien, aber das stimmt so nicht. Menschen haben kein Problem mit Veränderungen, die sie selbst wollen. Was sie dagegen gar nicht mögen, sind Veränderungen, zu denen sie gezwungen werden – Veränderungen, um die sie nicht gebeten haben und die zur Unzeit kommen. Etwas, das Sie als „neu und besser" anpreisen, kann bei Ihren Kunden – wenn es unangekündigt kommt – Reaktionen wie „Was zum Teufel ...?" auslösen.

Diese Erfahrung haben wir bei Basecamp mehrfach gemacht. Da hatten wir ein schönes neues Design entwickelt, allerdings bei dem Versuch, Platz für etwas Besseres zu schaffen, zu viel herumgeschoben und verändert. Die Reaktion der Kunden folgte prompt: „WAS HABT IHR MIT MEINER APP GEMACHT? ICH WAR VOLLKOMMEN ZUFRIEDEN! ICH WILL DIE ALTE APP ZURÜCK!"

In der Softwarebranche ist es üblich, solche Nutzer mit einem milden Lächeln abzutun. Das ist eben der Preis für Fortschritt, und Fortschritt ist immer gut. Diese Haltung ist jedoch kurzsichtig und arrogant. Vielen Kunden ist eine App mit verbesserten Funktionen völlig egal, wenn für sie Dinge wie Benutzerfreundlichkeit, Konsistenz und Vertrautheit zählen.

Das bedeutet nicht, dass Ihr neues Produkt schlecht ist. Es bedeutet vielmehr, dass Ihre Kunden gerade mit einer Sache beschäftigt sind, die ihnen wichtiger ist als eine Veränderung an Ihrem Produkt. Sie haben bereits Zeit und Geld dafür investiert und wissen, wie sie die Aufgabe bewerkstelligen wollen. Und dann kommen Sie und konfrontieren sie mit einer Veränderung, die ihr Leben verkompliziert. Nun müssen sie etwas Neues lernen, während sie parallel intensiv an etwas Altem arbeiten.

Wir haben lange gebraucht und viele Fehltritte gemacht, bevor uns diese wichtige Erkenntnis in Sachen Vertrieb kam: Bieten Sie Neukunden das neue Produkt an, aber lassen Sie Bestandskunden mit der Version arbeiten, die sie haben. Nur so sorgen Sie für Ruhe und Entspannung.

Aus diesem Grund gibt es drei völlig unterschiedliche Versionen von Basecamp: die ursprüngliche Version, die von 2004 bis 2012 erhältlich war, eine zweite Version, die von 2012 bis 2015 auf dem Markt war, und eine Version, die wir 2015 herausgebracht haben. Jede dieser neuen Versionen war „besser" gegenüber der Vorgängerversion; wir zwangen jedoch niemanden, auf die neue Version upzugraden. Kunden, die sich damals für die 2007er-Version entschieden haben, können diese so lange weiternutzen, wie sie möchten. Und ein großer Teil tut dies auch (was wir toll finden!).

Warum sind wir dann nicht einfach bei der ursprünglichen Version geblieben? Nun, wir hatten mit der Zeit neue Ideen. Technologie und Design entwickeln sich weiter. *Wir* haben uns weiterentwickelt. Diese Weiterentwicklung erfolgt allerdings in unserem Tempo. Die Kunden von heute erwarten andere Dinge als die Kunden von vor zehn Jahren. Dies bedeutet jedoch nicht, dass wir langjährigen Kunden unser Tempo aufzwingen sollten.

Zudem sollten wir unsere Kunden ermutigen, die neuesten Angebote zu testen. Dies muss aber eine Einladung sein, keine Pflicht. Denn wenn Sie sie zu sehr drängen, ist der Ärger vorprogrammiert. Entspannung stellt sich so nicht ein.

Kostenlos sind das Aufrechterhalten alter Vereinbarungen und die Bereitstellung alter Produkte natürlich nicht. Das ist der Preis für Altlasten. Es ist aber gleichzeitig der Preis dafür, dass man erfolgreich genug ist, sich Kunden zu leisten, die bereits auf einen gesetzt haben, als man noch nicht das neueste heiße Ding am Start hatte. Genießen Sie das, und seien Sie stolz auf Ihre Altlasten!

Gründen ist leicht, weitermachen ist schwer

Viele Entrepreneure stecken all ihre Kraft und Energie in die Gründung ihres Start-ups – ihre Nächte, ihre Aufmerksamkeit und ihre Liebe. Wenn es dann so weit ist, sind sie völlig ausgebrannt – erschöpft vom Sprint ins Ziel. „Jetzt haben wir es endlich geschafft!", denken sie. Wenn es doch nur so einfach wäre ...

Ein Unternehmen auf den Weg zu bringen, ist anstrengend. Deshalb denken viele Entrepreneure wahrscheinlich, dass es von da an nur einfacher werden kann. Dies ist jedoch ein Trugschluss. Die Dinge werden mit der Zeit nicht einfacher, sie werden schwieriger. Der erste Tag ist tatsächlich der einfachste Tag von allen. Das ist das kleine fiese Geheimnis der Businesswelt.

Wenn Ihr Unternehmen wächst, stellen Sie Mitarbeiter ein. Mitarbeiter bringen Persönlichkeiten mit. Persönlichkeiten bedeuten Statuskämpfe und viele weitere Herausforderungen, die die menschliche Natur so mit sich bringt.

Nicht nur potenzielle Kunden werden jetzt auf Sie aufmerksam, sondern auch die Konkurrenz. Plötzlich befinden Sie sich im Fadenkreuz eines anderen. Als Sie anfingen, waren Sie der Angreifer. Jetzt müssen Sie sich auch um die Defensive kümmern.

Bevor Sie sich's versehen, explodieren Ihre Kosten. Um weiterzumachen, müssen Sie immer tiefer in die Tasche greifen. Mit zunehmendem Wachstum und stärkerer Expansion rücken Gewinne in immer weitere Ferne.

Klingt ziemlich düster und bedrohlich? Keine Sorge, ist es nicht! Es ist wirklich aufregend. Gleichzeitig ist es aber auch die Realität. Ein Unternehmen zu führen, wird nach dem Start zunehmend schwieriger.

Deshalb sollten Sie sich auf die Zeit nach der Gründung vorbereiten. Wenn Sie denken, dass alles eitel Sonnenschein sein wird, erleben Sie eine böse Überraschung. Wenn Sie sich dagegen im Vorfeld überlegen, was auf Sie zukommen könnte, sind Sie vorbereitet, wenn der Regen nicht nachlässt. Das Geheimnis ist, Erwartungen abzustecken.

Ein Start-up zu gründen, ist einfach. Das Weitermachen ist der schwierige Teil. Es ist wie im Theater: Zu erreichen, dass ein Stück sich auch nach der zigsten Aufführung noch vieler Besucher erfreut, ist viel schwieriger, als die Premiere zu feiern. An Tag eins ist jedes Start-up im Geschäft. Tausend Tage später besteht nur noch ein Bruchteil von ihnen. Das ist die Realität. Seien Sie also vorbereitet und verbrennen Sie Ihre Energie nicht gleich zu Anfang in dem Glauben, der schwierigste Teil liege bereits hinter Ihnen.

DER US-AMERIKANISCHE DREHBUCHAUTOR TONY KUSHNER SCHREIBT SEINE STÜCKE MIT EINER FÜLLFEDER AUF GELBE NOTIZBLÖCKE. WENN DAS TINTENFASS LEER IST, HÖRT ER AUF.

Alles halb so wild oder eine Katastrophe?

Folgendes sollte eigentlich bekannt sein: Menschen mögen es nicht, wenn ihre Probleme heruntergespielt oder ignoriert werden. Geschieht dies doch, kann aus einer Mücke schnell ein Elefant werden.

Nehmen wir einmal an, Sie übernachten in einem Hotel, in dem die Klimaanlage ausgefallen ist. Sie rufen an der Rezeption an und weisen darauf hin. Alles, was sie als Antwort erhalten, ist: „Ach so, ja, das ist uns bereits bewusst. Nächste Woche kommt jemand und kümmert sich darum (also wenn Sie bereits wieder abgereist sind!). Sie können ja einfach das Fenster öffnen (unter Ihnen befindet sich eine laute, befahrene Straße!)." Kein Wort der Entschuldigung, kein Hinweis darauf, dass es ihnen leid tut.

Was als kleines Ärgernis begann – 24 Grad im Zimmer, wenn Sie eigentlich gern bei 20 Grad schlafen –, hat sich zu einer Katastrophe entwickelt! Sie sind zu Recht wütend, nehmen sich vor, einen Beschwerdebrief an die Hotelleitung zu verfassen, und zerfleischen die Unterkunft in Ihrer Online-Bewertung.

Jean-Louis Gassée, der ehemalige Chef von Apple Frankreich, hat diese Situation einmal als die Wahl zwischen zwei Spielsteinen beschrieben: Wenn Sie mit Leuten zu tun haben, die über etwas verärgert sind, können Sie sich entweder für den Spielstein mit der Aufschrift „Ist doch halb so wild!" oder für den Spielstein mit der Aufschrift „Das ist eine Katastrophe!"

entscheiden. Egal, welchen Spielstein Sie wählen, Ihr Kunde nimmt den anderen.

Die Hotelangestellten in unserem Beispiel haben sich offensichtlich für den Spielstein mit der Aufschrift „Ist doch halb so wild!" entschieden und Ihnen als Gast den Spielstein mit der Aufschrift „Das ist eine Katastrophe!" überlassen. Genauso gut hätten sie den anderen Spielstein wählen können.

Das Hotelpersonal hätte auch folgendermaßen reagieren können: „Das tut uns furchtbar leid. Das ist natürlich inakzeptabel! Ich kann gut verstehen, dass Sie bei diesen Temperaturen nachts kaum ein Auge zukriegen. Für diese Nacht können wir das Problem leider nicht beheben, aber ich kann Ihre Übernachtung gern stornieren und ein anderes Hotel für Sie in der Nähe suchen. Während Sie sich das in Ruhe überlegen, lasse ich Ihnen gern eine Flasche eisgekühltes Wasser und eine Portion Eiscreme auf Ihr Zimmer kommen. Wir entschuldigen uns aufrichtig für diese Unannehmlichkeit und werden alles tun, sie so schnell wie möglich zu beheben."

Bei so einer Antwort können Sie fast nicht anders, als den Spielstein „Ist doch halb so wild!" zu wählen. „Ja, gern, etwas Wasser und Eiscreme wären toll."

Wir alle wollen, dass man uns zuhört und uns ernst nimmt. Das Schöne ist, dass das meist auch nicht viel kostet. Wichtig ist auch nicht, ob Sie zu dem Schluss kommen, dass Sie recht hatten und der andere unrecht. Sich auf eine Diskussion einzulassen, wenn man so aufgebracht ist, macht das Ganze meist nur schlimmer.

Denken Sie daran, wenn Sie sich das nächste Mal für einen Spielstein entscheiden. Welchen überlassen Sie dem Kunden?

Die guten alten Zeiten

Noch vor wenigen Jahren haben wir verschiedene Produkte entwickelt. Heute bieten wir nur noch ein einziges Produkt an: Basecamp. Von allem anderen haben wir uns losgesagt – und damit auch von der Option, viele Millionen Dollar Umsatz zu generieren. Wir wollten uns einfach auf eine Sache konzentrieren, anstatt immer weiter zu expandieren.

Normalerweise verkleinern Unternehmen ihre Produktpalette, wenn es ihnen schlechtgeht. Wir haben genau das Gegenteil gemacht und unser Angebot zu einem Zeitpunkt zurückgefahren, zu dem es richtig gut lief. Wir befanden uns praktisch auf der Höhe unseres Erfolgs.

Auf Wachstum und Umsatz verzichten – das hört man in der Wirtschaft eher selten. Vor allem, wenn man bedenkt, dass Unternehmen von ihrem Wesen und ihrer Struktur her darauf ausgelegt sind, zu wachsen.

Über die Jahre haben wir viele Entrepreneure getroffen, für die es nichts anderes gab als Wachstum. Und obwohl viele von ihnen stolz auf das Erreichte waren, gab es doch auch einige, die sich die guten alten Zeiten zurückwünschten, als alles noch einfach und überschaubar war – die guten alten Zeiten mit weniger Komplexität, weniger Hektik und weniger Kopfschmerzen.

Je öfter wir erlebten, wie andere Gründer in Erinnerungen an die guten alten Zeiten schwelgten, desto häufiger fragten wir uns, warum sie dann nicht einfach langsamer expandierten und versuchten, die Unternehmensgröße zu halten, mit der sie sich am wohlsten fühlten. Egal, wie stressig die Geschäftswelt ist: Es gibt kein Naturgesetz, das Unternehmen schnelles und unendliches Wachstum vorschreibt, sondern bloß ein paar unsinnige Glaubenssätze wie „Wer nicht wächst, der stirbt". Sagt wer?

Für uns stand fest: Wenn die guten alten Zeiten wirklich so gut waren, wie viele behaupteten, würden wir einfach versuchen, sie zu erhalten. Das bedeutete, unser Unternehmen auf einer tragfähigen, überschaubaren Größe zu halten. Wachstum würde es immer noch geben, aber eben langsam und gesteuert. Unser Ziel war es, immer *gute Zeiten* zu haben, das „alt" brauchten wir da nicht mehr.

Also beschlossen wir, so lange wie möglich möglichst wenig zu wachsen. Anstatt neue Produkte zu entwickeln, zusätzliche Aufgaben zu übernehmen und weitere Verpflichtungen einzugehen, versuchen wir, uns einzuschränken und möglichst wenig Ballast anzuhäufen – auch wenn es gerade richtig gut läuft. Denn gerade in Zeiten des Erfolgs ist es der Verzicht, der ein entspanntes, profitables und unabhängiges Unternehmen ausmacht.

Heute sind wir dem Unternehmen, das wir vor zwölf Jahren waren, ähnlicher als dem Unternehmen, das wir vor fünf Jahren waren. Und zwar ganz bewusst. Das ist ein tolles Gefühl. In all der Zeit haben wir gesunde Gewinne generiert, konnten die Leistungen für unsere Mitarbeiter ausbauen und haben ein Arbeitsumfeld geschaffen, in dem jeder sein Bestes gibt.

Das ist weder alt noch verrückt.

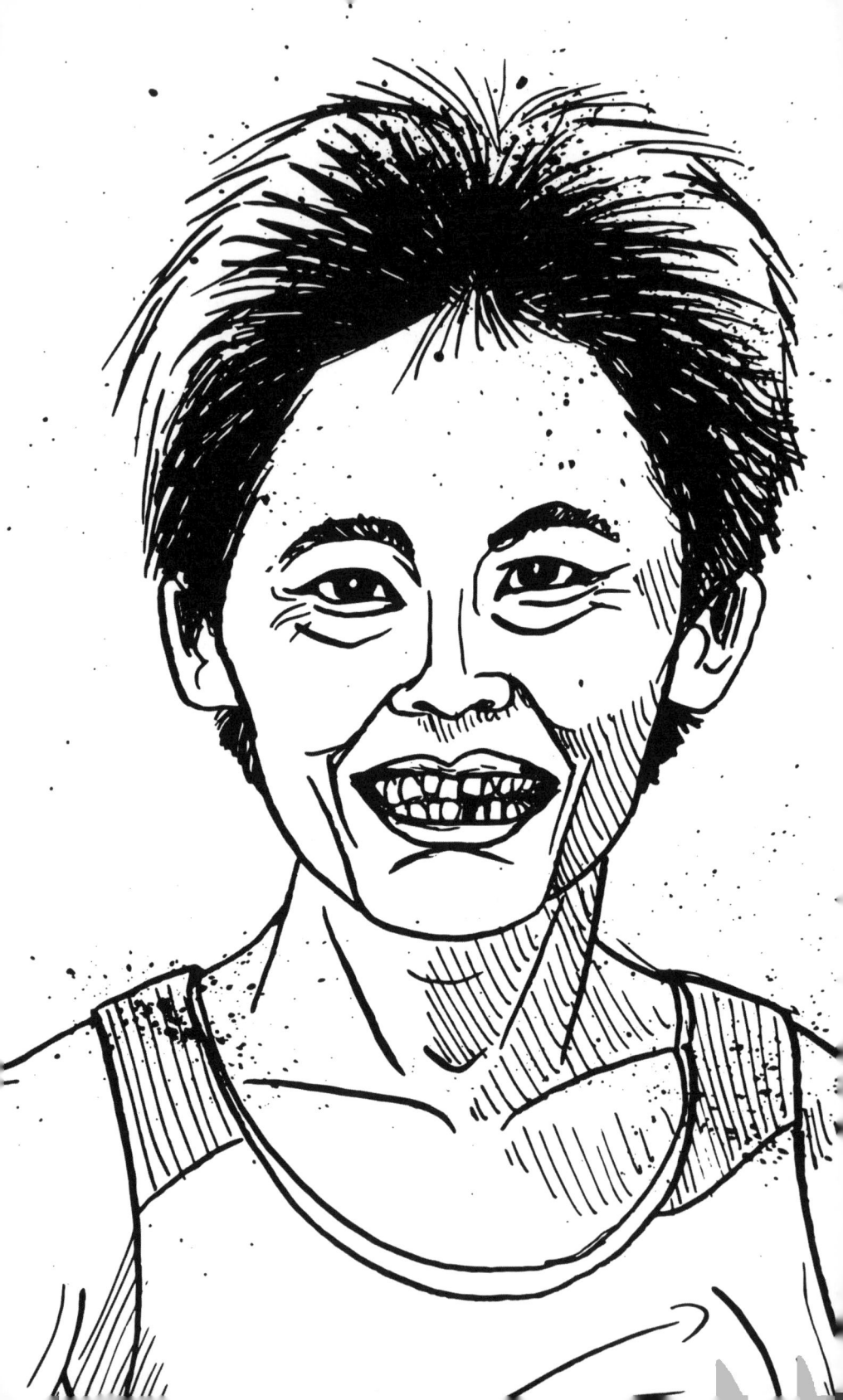

DER JAPANISCHE
MARATHONLÄUFER
YUKI KAWAUCHI, DER DEN
BOSTON MARATHON 2018
GEWONNEN HAT, TRAINIERT
NUR EINMAL AM TAG, WEIL
ER EINEN VOLLZEITJOB ALS
REGIERUNGSANGESTELLTER HAT
UND ES IHM WICHTIG IST, DIE
NATÜRLICHE LEISTUNGSGRENZE
SEINES KÖRPERS ZU
RESPEKTIEREN.

Zu guter Letzt

Es ist Ihre Entscheidung

Ein Unternehmen ist ein System von Wahlmöglichkeiten. Jeden Tag haben Sie aufs Neue die Chance, eine Wahl zu treffen und sich anders zu entscheiden.

Lassen Sie weiterhin zu, dass man Ihren Mitarbeitern die Zeit stiehlt? Oder entscheiden Sie sich dafür, die Zeit und Aufmerksamkeit Ihrer Mitarbeiter zu schützen?

Verlangen Sie weiterhin von Ihren Mitarbeitern, dass sie zehn Stunden am Tag und sechzig Stunden in der Woche arbeiten? Oder entscheiden Sie sich dafür, dass zivile Arbeitszeiten ein Gewinn für alle sind?

Erwarten Sie weiterhin von Ihren Mitarbeitern, dass sie am Tag Dutzenden Chatverläufen folgen? Oder entscheiden Sie sich dafür, sie vom Dienst an diesem „Informationsfließband" zu befreien, damit sie ihre Arbeit konzentriert und so gut wie möglich machen können?

Erwarten Sie weiterhin, dass Ihre Leute sofort auf jede noch so kleine Neuigkeit reagieren? Oder entscheiden Sie sich dafür, dass Zeit zum Nachdenken wichtiger ist als Zeit zum Kommunizieren?

Geben Sie weiterhin mehr Geld aus als Sie einnehmen, in der Hoffnung, dass sich die Gewinne schon eines Tages einstellen werden? Oder entscheiden Sie sich dafür, weiteres Wachstum erst einmal aufzuschieben, bis Ihr Unternehmen dazu bereit ist?

Laden Sie Ihren Mitarbeitern auch weiterhin immer mehr Arbeit auf und zwingen Sie sie dazu, Deadlines zu verschieben?

Oder entscheiden Sie sich dafür, den Teams zu überlassen, was in einer bestimmten Zeit machbar ist und was nicht?

Ziehen Sie einzelne Mitarbeiter auch weiterhin von Projekten ab, um sie für andere Projekte einzusetzen? Oder entscheiden Sie sich dafür, erst eine Sache zu Ende zu bringen, bevor Sie mit der nächsten beginnen?

Wird man von Ihnen auch weiterhin Sätze hören wie „Das funktioniert in unserer Branche nicht", „Wenn der Kunde um 23 Uhr anruft, müssen Sie rangehen" oder „Mitarbeiter kann man in ihrem Urlaub ruhig stören"? Oder entscheiden Sie sich dafür, es von nun an anders zu machen?

Sie haben die Wahl. Und wenn Sie nicht in der Position sind, selbst unternehmensweite Änderungen anzustoßen, konzentrieren Sie sich auf Ihren Bereich. Sie können sich und Ihre Erwartungen jederzeit ändern. Verändern Sie die Art und Weise, wie Sie mit Ihren Mitarbeitern interagieren und kommunizieren. Werden Sie Herr über Ihre Zeit.

Unabhängig davon, auf welcher Ebene im Unternehmen Sie tätig sind, können Sie noch heute damit beginnen, andere Entscheidungen zu treffen. Entscheidungen, die dem Wahnsinn im Büro ein Ende setzen und den Weg zu einer entspannten Arbeitskultur bereiten.

Eine entspannte Arbeitskultur ist eine bewusste Entscheidung. Machen Sie sie zu *Ihrer* Entscheidung.

Wir bedanken uns für Ihre Aufmerksamkeit.

DIE US-AMERIKANISCHE FERNSEHMODERATORIN, SCHAUSPIELERIN UND UNTERNEHMERIN OPRAH WINFREY KANN SICH HÄUFIG VOR TERMINEN KAUM RETTEN. TROTZDEM NIMMT SIE SICH REGELMÄSSIG ZEIT ZUM MEDITIEREN, GEHT MIT IHREM HUND SPAZIEREN UND GENIESST IHREN GARTEN.

Quellenverzeichnis

Isabel Allende
Salter, Jessica: Inside Isabel Allende's World: Writing, Love and Rag Dolls.
In: The Telegraph, 19. April 2013. https://www.telegraph.co.uk/culture/
books/authorinterviews/10003099/Inside-Isabel-Allendes-world-
writing-love-and-rag-dolls.html (Zugriff Juni 2018).

Maya Angelou
Currey, Mason/Frank, Arno: Mehr Musenküsse: Die täglichen Rituale berühmter Künstler. Zürich: Kein&Aber, 2014.

Yvon Chouinard
Welch, Liz: The Way I Work: Yvon Chouinard, Patagonia. In: Inc., 12. März
2013. https://www.inc.com/magazine/201303/liz-welch/the-way-i-work-
yvon-chouinard-patagonia.html (Zugriff Juni 2018).

Brunello Cucinelli
Malik, Om: Brunello Cucinelli. In: Pico. https://pi.co/brunello-cucinelli-2/
(Zugriff Juni 2018).

Charles Darwin
Currey, Mason/Frank, Arno: Musenküsse: Die täglichen Rituale berühmter
Künstler. Zürich: Kein&Aber, 2014.
Dunne, Carey: Charles Darwin and Charles Dickens Only Worked Four Hours a
Day – and You Should Too. In: Quartz, 22. März 2017. https://qz.com/937592/
rest-by-alex-soojung-kim-pang-the-daily-routines-of-historys-greatest-
thinkers-make-the-case-for-a-four-hour-workday/ (Zugriff Juni 2018).

Simone de Beauvoir
Gobeil, Madeleine: Simone de Beauvoir, The Art of Fiction No. 35. In: The
Paris Review, Spring–Summer 1965. https://www.theparisreview.org/
interviews/4444/simone-de-beauvoir-the-art-of-fiction-no-35-simone-
de-beauvoir (Zugriff Juni 2018).

Charles Dickens
Andrews, Evan: 8 Historical Figures with Unusual Work Habits. In: History.
com, 20. Januar 2015. https://www.history.com/news/8-historical-figures-
with-unusual-work-habits (Zugriff Juni 2018).

Sandra Faber
Annual Reviews. An Interview with Sandra Faber (Podcast). Annual Reviews
Audio. Erhältlich unter: http://www.annualreviews.org/userimages/
ContentEditor/1299600853298/SandraFaberInterviewTranscript.pdf (Zu-
griff Juni 2018).

Atul Gawande
Cunningham, Lillian: Atul Gawande on the Ultimate End Game." In: The Washington Post, 16. Oktober 2014. https://www.washingtonpost.com/ news/on-leadership/wp/2014/10/16/atul-gawande-on-what-leadership-means-in-medicine/?utm_term=.8a7ee359539e (Zugriff Juni 2018).

Stephen Hawking
Newport, Cal: Stephen Hawking's Productive Laziness. In: Study Hacks Blog, 11. Januar 2017. http://calnewport.com/blog/2017/01/11/stephen-hawkings-productive-laziness/ (Zugriff Juni 2018).

Yuki Kawauchi
Barker, Sarah: What the World's Most Famous Amateur Can Teach Pro Runners." In: Deadspin, 9. Januar 2018. https://deadspin.com/yuki-kawauchi-can-teach-you-how-to-run-1821725233 (Zugriff Juni 2018).

Tony Kushner
Brodsky, Katherine: Fast Scenes, Slow Heart. In: Stage Directions: The Art and Technology of Theatre, 31. März 2010. http://stage-directions.com/ current-issue/106-plays-a-playwriting/2258-fast-scenes-slow-heart.html (Zugriff Juni 2018).

Gustav Mahler
Eichler, Jeremy: Glimpsing Mahler's Music in Its Natural Habitat. In: The Boston Globe, 7. April 2016. https://www.bostonglobe.com/arts/ music/2016/04/07/glimpsing-mahler-music-its-native-habitat/JlZewrlL p6fIiOgpUDwoLO/story.html (Zugriff Juni 2018).
van der Waal van Dijk, Bert: 1893–1896 Hotel Zum Hollengebirge (Composing cottage). Gustav-Mahler.eu, 12. Februar 2017. https://mahlerfoundation. info/index.php/plaatsen/168-austria/steinbach-am-attersee/3255-composing-cottage (Zugriff Juni 2018).

Haruki Murakami
Wray, John: Haruki Murakami, The Art of Fiction No. 182. In: The Paris Review, Sommer 2004. https://www.theparisreview.org/interviews/2/ haruki-murakami-the-art-of-fiction-no-182-haruki-murakami (Zugriff Juni 2018).

Shonda Rhimes
McCorvey, J. J.: Shonda Rhimes' Rule of Work: "Come Into My Office with a Solution, Not a Problem." In: Fast Company, 27. November 2016. https:// www.fastcompany.com/3065423/shonda-rhimes (Zugriff Juni 2018).

Alice Waters
Hambleton, Laura: Chef Alice Waters Assesses Benefits of Old Age. In: The Washington Post, 18. November 2013. https://www.washingtonpost. com/national/health-science/chef-alice-waters-assesses-benefits-of-old-age/2013/11/18/321e993a-1a37-11e3-82ef-a059e54c49do_story.html (Zugriff Juni 2018).

Colson Whitehead

Whitehead, Colson: "I'm Author Colson Whitehead—Just Another Down on His Luck Carny with a Pocketful of Broken Dreams—AMA. In: Reddit, 26. März 2018. https://www.reddit.com/r/books/comments/878ytl/im_author_colson_whitehead_just_another_down_on/ (Zugriff Juni 2018).

Oprah Winfrey

Silva-Jelly, Natasha: A Day in the Life of Oprah. In: Harper's Bazaar, 26. Februar 2018. https://www.harpersbazaar.com/culture/features/a15895631/oprah-daily-routine/ (Zugriff Juni 2018).

Erfahren Sie mehr

Schreiben Sie uns

Wie hat Ihnen das Buch gefallen? Schreiben Sie uns Ihre Meinung an calm@basecamp.com. Wir lesen jede Nachricht und bemühen uns, so viele Nachrichten wie möglich auch zu beantworten.

Kontaktieren Sie uns auf Twitter

Jason Fried finden sie unter @jasonfried, David Heinemeier Hansson unter @dhh und unser Unternehmen unter @basecamp.

Testen Sie Basecamp

Über einhunderttausend Unternehmen weltweit nutzen Basecamp, um ihre Arbeitsabläufe entspannter zu organisieren, Projekte zu verwalten und die Kommunikation innerhalb des Unternehmens zu vereinfachen. Probieren Sie es aus und testen Sie Basecamp kostenlos unter www.basecamp.com.

Lesen Sie unser Mitarbeiter-Handbuch

Erfahren Sie mehr über unsere Werte, Organisationsstruktur, Methoden, Mitarbeiterleistungen und vieles mehr. Die englische Version unseres Mitarbeiter-Handbuchs finden Sie unter www.basecamp.com/handbook.

Schauen Sie in unserem Blog vorbei

In unserem Blog *Signal v. Noise* stellen wir regelmäßig neue Ideen vor und kommentieren aktuelle Trends. Alle Beiträge finden Sie unter www.signalvnoise.com.

Melden Sie sich für unseren E-Mail-Newsletter an
Etwa einmal pro Monat informieren wir Sie, was es Neues bei Basecamp gibt. Melden Sie sich für unseren Newsletter an: www.basecamp.com/newsletter.

Weitere Bücher der Autoren
Eine Liste unserer Veröffentlichungen finden Sie hier: www.basecamp.com/books.

Nützliche Videos
Sehen Sie sich Vorträge von Jason Fried und anderen Basecamp-Mitarbeitern an: www.basecamp.com/speaks.

Know your company
Knowyourcompany.com hilft Unternehmern, ihre Mitarbeiter besser kennenzulernen und Unzufriedenheiten zu beseitigen.

Über uns
Mehr über uns erfahren Sie unter www.basecamp.com/about und www.basecamp.com/team.

Danksagungen

Jason Fried:
Mein Dank gilt meiner Familie sowie den Chancen und dem Glück. Ich bin froh, dass es euch gibt.

David Heinemeier Hansson:
Ich danke Jamie, Colt und Dash für ihre Liebe – sie gibt mir die Geduld und Weitsicht, für eine entspannte Arbeitskultur einzutreten.

Die Autoren

Jason Fried ist Gründer von Basecamp und zugleich dessen CEO. Er gründete das Unternehmen 1999 und ist seitdem für dessen Geschicke verantwortlich. Gemeinsam mit David hat er mehrere Bücher veröffentlicht: *Getting Real, Rework: Business intelligent & einfach* und *REMOTE*. Seine Einstellung zur Unternehmensführung lässt sich wie folgt beschreiben: Die Dinge funktionieren so lange gut, bis wir sie kompliziert machen. Ein Patentrezept fürs Leben gibt es seiner Ansicht nach nicht. Wir haben alle keinen Plan und versuchen einfach, jeden Tag unser Bestes zu geben.

David Heinemeier Hansson ist Gründer von Basecamp und Co-Autor der New-York-Times-Bestseller *Rework: Business intelligent & einfach* und *REMOTE*. Er hat das Software-Toolkit *Ruby on Rails* entwickelt, das Plattformen wie Twitter, Shopify, GitHub, Airbnb, Square und mehr als einer Million weiterer Web-Anwendungen den Weg bereitete. David stammt ursprünglich aus Dänemark und zog 2005 nach Chicago. Mittlerweile lebt er mit seiner Frau und zwei Kindern in den USA und Spanien. In seiner Freizeit verfolgt er internationale Autorennen, fotografiert Klischee-Motive wie Sonnenuntergänge und seine Kinder und gibt auf Twitter etwas zu häufig seinen Senf dazu.